四季和食

银座"驰走啐啄"的美食

（日）平松洋子—著

张凌志—译

青岛出版社
QINGDAO PUBLISHING HOUSE

目录

理解日本料理的第一步……1

春 1-32

野菜……2
鲷鱼……8
龟户萝卜……14
文蛤……20
银鱼……26
竹笋……32

夏 38-68

鳗鲡……38
蘘荷……44
番茄……50
章鱼……56
茄子……62
鲹鱼……68

秋 74-104

芋头……74

鲭鱼……80

蘑菇……86

梭子蟹……92

三文鱼……98

芋茎……104

冬 110-140

鸭子……110

葱……116

白菜……122

海参……128

牡蛎……134

紫菜……140

日本料理不需要食谱……146
——西塚茂光厨师如是说

理解日本料理的第一步

日本料理店宛如天上的繁星，数不胜数。但能使四季浑然其中，让人一边品味着美食，一边步入季节怀抱的日本料理店却少之又少。气氛舒缓，能够让人在心平气和、轻轻松松之间体会到所谓品味季节原来是这样一种感觉——"驰走啐啄"（注：日语中的"驰走"两字有盛情款待、美味佳肴的意思）无疑是能够达到这一水平的为数不多的日本料理店之一。在饮食业竞争激烈的银座，"驰走啐啄"仅仅在大楼的二层拥有一家小小的店面，但却能招徕众多常客，也正说明了这一点。

几年来在品尝"驰走啐啄"日本料理的过程中，我慢慢领悟了这样一句话——"四季都有其独特的味道"。更进一步说，只有从季节的角度出发，才能够把握日本料理的本质。日本人在不断交替的季节中寻觅到各种山珍海味，随即又把这一邂逅带来的喜悦置换成了舌尖上的愉悦。我已记不清在造访"驰走啐啄"的过程中，有多少次在舌尖上感受到季节和味觉握手的瞬间，从而重新认识到自己生为日本人的幸运了。

西塚厨师的日本料理，无论是以鱼肉、蔬菜还是瓜果为原料，都会通过料理本身绝佳的风味，向顾客传递着各种信息——"季节都有它们独到的味道""你现在正在品味的便是某个季节所特有的味道"。厨师终归只是幕后英雄，并不让人意识到他的存在。但是正是这种若隐若现的感觉，让料理有了无穷的余韵。在不经意间，你会对这种余韵心驰神往。不光是品尝美食，你会想听他畅谈，想知道他为什么可以做出那些谁都奉为理想但是却无法实现的料理——而这也许才是学习日本料理真正的捷径。

西塚厨师的言辞直观而简洁，没有多余的东西，让听者心悦诚服；而且实践性很强，不管谁听了都能受益匪浅。无论你请教什么，他总能不假思索、信手拈来各种各样的知识和诀窍。他的说服力，得益于他三十多年来对日本料理不断的钻研。

西塚厨师各种让人有恍然大悟之感的话语中，让人印象最为深刻的是这样极其单纯的两三语：

"日本料理这个概念并不单纯指做法。"
"做日本料理不应该过分依赖出汁（注：用鲣鱼干、海带等熬的清汤，作用以及用法类似中餐的上汤）。"

想来也只有西塚厨师才说得出这样的话：日本料理其实有远比烹饪技艺更为根本更为重要的因素包含其中。首先你必须先让自身融入到季节之中，充分调动五感来体会食材的细微绝妙之处，否则就不可能真正地走近日本料理。而这些话语，同样也可以理解为这位日本料理专家对自己的警示：不要让美食创作沦为简单重复的工作。

这本书里所介绍的日本料理，全都是西塚厨师基于对各种食材的钻研而创作的原创作品。富有创意而不流于花哨，饶有趣味但并不张扬。每一道菜都包含着日本料理在悠久的历史中积蓄下来的智慧，有品位但同时又不乏家常菜的淳朴。这些菜在食材的搭配、刀工、配色、装盘、器皿、菜量等方面都有其别致之处，给人启发，耐人寻味。这也正是西塚厨师的日本料理能够征服众多顾客的原因所在。

啐啄

「啐」是雏鸟为了破壳而出发出的叫声，「啄」是雌鸟啄破蛋壳的声音。

① 禅宗中用来形容师父和受教者之间心有灵犀。
② 比喻绝好的机会。

春

文蛤　鲷鱼　银鱼　竹笋

野菜

野菜

野菜是在山野中自然生长，可供食用的草木嫩芽的总称，大多有比较强烈的苦味和涩味。《万叶集》中的和歌就曾提到过野菜。野菜在蔬菜栽培得到普及的室町时代之前，曾是日本人日常生活中经常食用的食物。时至今日，以春季的七草（注：七种野生的植物，包括芹菜、荠菜、芜菁等）为首的野菜，仍然是最早提醒人们各个季节到来的自然使者，同时也是生命力的象征。

我不由得打了一个寒战，仿佛将上战场的武士那出于激昂的颤抖。野菜苦涩的味道，让五感一下子苏醒了过来。

春 野菜

酱油芝麻拌油炸椿芽

○ 碎芝麻　冻干魔芋

这道菜让人不由得感慨——"长成大人真是太好了"。把椿芽直接用油炸过之后，椿芽原有的苦味升华成了浓重绵长的回味。再浇上用磨碎的白芝麻、薄口酱油（注：日本将酱油分为『薄口酱油』『浓口酱油』两种，其最大的不同是酱油颜色的浓淡而非盐分的多少，薄口酱油的盐分实际上要高于浓口酱油）、味淋、出汁调制的调味汁。冻干魔芋脆脆的口感又同时为这道菜增添了几分轻盈。

让人翘首以待了许久的春天，仿佛是为了回报人们对它的期待，一下子就降临到了人间。

山野中新绿探出了头：最先是蕨菜、笔头菜，忽地把泥土顶开伸懒腰的样子，充满了春天带来的喜悦。接下来是椿芽，然后是荚果蕨、日本虎杖、山独活、艾麻、红叶草的大部队，它们争先恐后地出现在了人们的视线中。到了五月，则是山地玉簪、大楼梯草、菝葜。

在野菜的种类尤其丰富的日本东北部可以大量采集到各种野菜。对于山形县出身的"驰走啐啄"的店主西塚茂光来说，野菜简直就是宣告春天到来的报喜鸟。

"小时候一定会被大人派去摘椿芽。辽东楤木的刺很尖，会把手指扎得很疼，所以摘的时候需要格外小心。椿芽长大后叶子上会长出刺，而且不再适于食用，所以当时就知道要在新芽刚长出来的时候去摘。"

椿芽可以做成天妇罗，蕨菜可以用来煮

蕨菜火锅

○ 牛肉　魔芋　馒头面筋　红根须腹菌　花椒粉

难以相信蕨菜和牛肉竟是如此般配！这个意外的发现让我的筷子也动得快了几分。再加上馒头面筋，让这一口小锅更添一分野趣。汤汁使用二道出汁。蕨菜在使用前要充分去掉其特有的苦涩成分，并小心地用手拔除表面的绒毛。

或者炖，荚果蕨、红叶草和山地玉簪可以煮过后拌上酱油吃。既有可以用盐腌或者做成"佃煮"（注：把小鱼、贝类、海藻等用酱油等煮透做成的咸味较重的食物）的，也有像蕨菜和紫萁那样晾干了做成干货的——在日本各地有各式各样的吃法。

虽然现在人们把野菜和蔬菜区分开来，但是野菜其实也就是开春后最早长出来的蔬菜。整个冬天，除了腌菜和干货之外，餐桌上看不到任何新鲜蔬菜，而捷足先登，来告诉大家春天到来的，正是野菜。

"其实春意还在冬天就已经开始萌动了。"

野菜第一个捕捉到了这微弱的萌动。

"到了三月末，不再下雪，在三米多的积雪之下，雪和泥土之间开始出现空洞。在里面发芽的是薤白和蜂斗菜。因为还见不到阳光，所以呈现非常柔和的浅黄色。这就是春天带来的最初的美食。"

锁定在雪下一直等着春天慢慢到来的薤白和蜂斗菜，伸出手指，轻轻地拨开泥土，就会闻到带着湿气的、浓厚的春天的气息。

"这正是所谓的'雪下萌芽'。日式点心中也有'雪下萌芽'这一有名的样式。

山地玉簪盖浇荞麦米山药泥

水田芥末

口味清淡的山地玉簪在用热水漂过并轻轻拧干后,叶子会变得口感柔顺,而根部仍然脆嫩。看起来并不起眼的山地玉簪的口感其实变化多端。山药泥的黏性和荞麦的颗粒感更让这道菜锦上添花。

外层是白色,芯是黄色,底部则是嫩绿。这个称谓里包含着日本人对春天感受至深的喜悦。"

野菜最大的妙处莫过于它的苦涩了。当那种独特的苦涩味道笼罩在你的舌尖上的时候,身体仿佛将上战场的武士那样,会出于兴奋而颤抖。不知道这样的表述是否合适:味觉的刺激,让在整个冬天都处于休眠状态的细胞和神经都猛然苏醒了过来。而另一些淤积了一整个冬天的东西也随之消散了下去。

在那颤抖中,一直偃旗息鼓的精气神突然打破了沉默,昂首挺胸站了起来。野菜有着让人的身体发生变化的力量。那强烈的苦涩味道正好证明了这一点。

"尤其需要注意的是,蕨菜不去苦味的话,是不能食用的。把蕨菜装在大盆子里,撒上草木灰,再浇上足够多的热水,用薄纸封好后再静置一段时间——笔头菜和山独活的苦味和涩味也很重,但是笔头菜和山独活的美味之处也就在于它们的苦味涩味,所以山独活只需要切短,再用水过一过就可以了。切记不能处理得太过。"

稍微用热水过一下——这一处理的分寸其实是最难把握的。毕竟这些食材都是无时

山独活煮鲱鱼

◎ 花椒嫩芽

山形的乡土菜之一。干鲱鱼、山独活这两种个性鲜明的食材一拍即合,做出来的菜滋味美极了。这道菜用二道出汁、薄口酱油、味淋调味。这道菜的关键是从鲱鱼煮出的鲜美浓郁的出汁。大把的花椒嫩芽也为这道菜平添了一缕清香。

无刻不在变化着的季节的使者,对待它们需要细心再细心,谨慎再谨慎。

其实野菜要比人们想象的纤弱得多。要想品味野菜真正的味道,早上采摘的野菜需要在当天吃掉。现在虽然名为野菜,但是实为人工种植的东西越来越多地出现在了市面上,而越是纯天然的野菜就越是娇嫩。一旦隔夜,本来是野菜独特风味的一部分的苦味和涩味,转瞬之间就蜕变成了别的味道。荚果蕨和艾麻这样本来就含有少许苦味的野菜放到第二天,其苦味就会完全褪尽,吃起来索然无味——其实苦味涩味才是野菜好吃与否的决定性因素。

如果一个人能体会到这些微妙的不同,又能乐在其中,也便算得上是一个美食家了。而对于孩童和年轻人来说,这绝不是三言两语就能理解得了的。我会忍不住对他们说:"野菜对你们来说还太早了点,等长大点再说吧。"

"我觉得年纪越大的人越能吃出野菜的味道来。我自己还是小孩子的时候,同样不喜欢野菜。每次一大碗端上来,就算不是一点都不吃,也是吃得一点都不香。只有时光流逝,人们才能领悟到那苦味其实才是野菜的妙处之所在。"

只有在尝尽人生的各种滋味之后才能领悟到的那种淡淡的苦涩——西塚厨师所说的又何尝不是对人生的感悟。

"毫不夸张地说，野菜中那种源自春天的苦涩，让人真真切切地认识到自己正在摄取自然界中的生命这样一个事实。野菜带给人们的，是一般蔬菜所没有的那种使人肃然的坚强与深沉。"

冬去春来。面对美味的野菜，让人不禁为这个春光明媚的季节的到来致以深深的祝福。

春 — 野菜

水煮三色野菜
○ 辣根 核桃 鲣鱼干刨花

把三种水煮野菜同盛于一盘，是让它们同台献艺的不乏趣味的一道菜。在仅用热水浇过的荚果蕨上配的是辣根末（上方）。和类似于咬人荨麻的艾麻（右侧）的苦味最相称的是核桃。红叶草（左侧）上放的是鲣鱼干刨花。这道菜同样适合作为下酒菜。

鲷鱼

春天染就的樱花般艳丽的颜色，让日本人的心共鸣不已的季节之美。

鲷鱼

鲈形目鲷科。特征是呈椭圆状，姿态威武，分布于世界各地。栖息在日本近海的有真鲷、黄鲷等。鲷鱼的鱼肉中脂肪含量较少，而且降解酶的作用较低，即使放置很长时间也不会有腐臭发生。因此日语中有"臭了也是鲷鱼"（注：类似瘦死的骆驼比马大）的说法。

鲷鱼潮汁

○ 淘洗后拧干水分的葱 土当归 姜汁

清澈见底的透明汤汁中浓缩了鲷鱼的鲜美。在鲷鱼上抹上盐，等到盐分渗入后把表面的盐洗掉，再把鱼头放进锅里煮。当盐分从鱼肉溶解出来时，鲷鱼的鲜美成分也就一并渗出了。这一日本料理独特的烹饪法极其简单，但却能借此看出厨师的手艺。

　　日本人自古以来最为珍爱的鱼便是鲷鱼了。尤其是三四月上市的春天的鲷鱼，更是从名称上就不同凡响——被冠以"樱鲷""赏花鲷"的美称，俨然成了春天的象征。

　　所谓"樱鲷"，指的是为了产卵而游到海岸附近的真鲷。其中在明石地区（注：地名，在兵库县南部）捕捞的天然雄真鲷更是有着极品的美誉。

　　"明石的鲷鱼，特别是樱鲷的鲜美绝不是一般鲷鱼可以比拟的：首先骨架就和别的鲷鱼不同，而且鱼肉质地筋道，周身放射着浅褐色的光泽。批发市场上的身价也更是不俗。"

　　这种鲷鱼，重量大约为1.5公斤到2公斤，在海流中磨炼出的健硕鱼身和那樱花般的颜色，美得让人如痴如醉。用魅力四射这个词来形容樱鲷真是再合适不过了。

　　"想要品味原汁原味的樱鲷，当然应该先从生鱼片开始。鲷鱼的皮同样异常鲜美，所以我有时也会把鲷鱼做成'松皮鲷'：让带着鱼皮的鱼肉稍微过一下热水,于是表面就会呈现出仿佛覆盖了一层薄霜般的色泽,再把鱼肉切成比较厚的块。那种富有韧性的口感让人陶醉。"

还可以在斜切成薄片的鱼肉上放上豆豉(注:日本人称之为"大德寺纳豆"),再把鱼肉卷成卷,让里面的豆豉隐约可见;或者用酱煮海带丝拌一下——这些做法都可以让鲷鱼特有的鲜美体现得更加淋漓尽致。

"鲷"字中的"周"字有漫无遗漏无处不在的意思。这大概是因为鲷鱼是一种可以在世界各地捕到的鱼吧。为日本人熟知的鲷鱼品种中,最具代表性的是真鲷,此外还有黄鲷、犁齿鲷、黑棘鲷、黄鳍鲷、条石鲷等。除了真鲷之外,肉质柔顺细腻的黄鲷也同样是厨师们的座上宾。

鲷鱼肉质紧密、清淡高雅的风味符合日本人的嗜好。那种淡雅的味道蕴含着对味觉强有力的冲击。在你咀嚼鱼肉时,你更会感受到鲷鱼那种独特的弹性,这也是鲷鱼特有

花椒芽烤鲷鱼
◯ 姜芽

切得碎碎的花椒嫩芽的香味,引得人不由自主地凑得更近些。把鲷鱼胸鳍周围的鱼肉串起来,再用火烤出的这道菜美味十足。当鱼的表面炙烤出香味的时候,把用浓口酱油、大豆酱油、味淋调成的汁均匀地浇在鱼肉上,鱼的风味于是更上一层楼。

春 鲷鱼

鲷鱼生鱼片 松皮生鱼片

◎ 萝卜 胡萝卜 无翅猪毛菜 石莼 青芥末 加减醋（注：混合了糖、盐、酱油的醋）

要想品尝珍贵的樱鲷真正的美味，当然还得生吃。

为了充分感受鱼皮的韧性和颗粒感，需要把鱼的表皮用热水浇至略微发白后迅速冷却，再切成较厚的生鱼片。最后配上石莼和无翅猪毛菜。樱花色的鱼肉又一次让人感受到了春天带来的喜悦。

的魅力之一。

除了做成生鱼片，不管是炖或是烤，鲷鱼都能让人充分品味到它变化多端的风味。鲷鱼可谓是食材中的"多面手"。

"无论用什么做法，做出来的鲷鱼都各有千秋，这也是鲷鱼备受珍爱的一个原因。不得不提的是春天用花椒的嫩芽烤出来的鲷鱼。刚刚发芽的深绿色的花椒嫩芽香气浓郁，而鲷鱼不管是口味还是香味都和花椒相得益彰。另外还可以仅用一点点盐来烤鲷鱼，或者先让盐分渗入鱼肉之后再烤。炖的时候，可以让酱油味浓重一些，用类似炖鱼头的方法来做，反之把鲷鱼炖得清淡些也同样别有风味。"

再看看鲷鱼，它仿佛是悠闲地躺在砧板上，正静待厨师大显身手：

鲷鱼拌春季蔬菜

◆ 碎芝麻 芝麻醋

和春天相得益彰的淡雅色彩让人忍俊不禁。选取鲷鱼鲜而不腻的后背部分的肉切成长条。再把土当归、胡萝卜、当春采摘的卷心菜用水漂过后切成丝。全部拌在一起后浇上掺了芝麻的『三杯醋』（注：用相同量的醋、酱油、味淋混合而成的调味品）。这道菜让人同时品味土当归的苦味，胡萝卜、卷心菜的甜味，鲷鱼的鲜美和口感，吃起来其乐无穷。

"那么，就让我看看您的手艺吧……"

品尝鲷鱼有太多的方法。可以涮锅子，可以做成"潮汁"（注：用鲷鱼、贝类等制作的盐味的清汤），也可以做成"浜烧"。所谓"浜烧"是起源于濑户内海（注：海域名，位于西日本的近畿、中国、四国、九州这四地域之间的海域）沿岸的烹饪方法。为了让进贡用的珍稀的明石鲷鱼保持原有的形状，人们把整条鲷鱼用盐包裹起来，再把它焖熟。花时间把鲷鱼做成"浜烧"，然后再有条不紊地把盐块敲开来吃的豪爽的感觉，同样让人喜不自胜。

"'潮汁'也是享用鲷鱼时绝好的选择。做时除了盐之外不加任何别的东西。也就是说，仅仅用盐就能把鲷鱼的美味表现得淋漓尽致。但是材料越是简单，做起来反而更难。既需要把握住每条鲷鱼的特点，也需要用完美的火候来使汤汁显得澄清，还有生姜的用法，等等，这是一道非常考验厨师技艺的菜。"

当春天快要过去的时候，鲷鱼的价格会猛然下跌，成为很普通的食材，这时即使在家里也可以放开手来做了。这时的鲷鱼化身

鲷鱼茶泡饭

春 鲷鱼

切成末的蔬菜 茶泡饭用烤年糕末揉碎的烤紫菜 青芥末

像这样用鲷鱼实在是太奢侈了！这是一道让人忍不住一饮而尽的豪华茶泡饭。把鲷鱼切片泡在拌了芝麻的酱油中，让鱼肉渗入足够的咸味后盖在热腾腾的米饭上，撒上碎紫菜，浇上泡得较淡的茶，盖上盖子略微蒸一下，就可以尽情享用了。

成了非常大众化的美食，比如鲷鱼肉松：把鲷鱼煮过或者蒸过之后剥下鱼肉，加入酒炒过后再煮一次就行了。也可拌进什锦寿司或者包进寿司卷里。鲷鱼那种回味悠长的味道不论谁吃了都会喜欢。也可以在用大酱、味淋、酒等调味之后用火烤着吃，而浓香美味的鲷鱼肉酱则是绝佳的下酒菜。

鲷鱼其实是在日本的文献中出现最早的鱼。在《古事记》（注：日本现存最早的历史书，成书于712年，三卷）神代卷中，被山幸彦的鱼钩卡住喉咙的，正是鲷鱼。从那时起，鲷鱼作为象征吉祥的鱼（注：日语中鲷鱼和吉祥同音），成为在祝贺喜事、馈赠答谢、庆祝节日时不可或缺的一样东西。细细想来，应该没有什么鱼比鲷鱼更能寄托日本人的心愿，更受日本人的喜爱了。

龟户萝卜

龟户萝卜

据传龟户（注：东京都江东区的地名）萝卜的种植始于江户时代的文久年间。龟户萝卜长二十厘米到三十厘米，特点是根茎较小而叶片较大且茂密。江户时代的龟户萝卜因为龟户天满宫而兴盛，同时龟户萝卜也作为龟户的特产闻名于世。龟户萝卜质地紧密，根茎和叶子都被用来腌制辣味咸菜，是长期以来受到老百姓欢迎的蔬菜。但现在龟户萝卜只有葛饰（注：地名，东京都东部的区名）周边的几家农户种植，成了相当珍稀的蔬菜品种。

白皙小巧的身体里，是满满的辛辣和香甜。

全煮龟户萝卜

○ 鸡皮 黄芥末

春 — 龟户萝卜

为了品味龟户萝卜原有的风味，用鸡皮和出汁煮出来的整根龟户萝卜。如此直截了当的创意，也只有视食材的特性为重中之重的西塚厨师才会想得到。只有细细品味龟户萝卜浑身上下各异的风味，才能真正领略它的魅力。

提醒人们早春到来的龟户萝卜是不折不扣的出身于江户的小家碧玉：泼辣、身材娇小纤细、皮肤细腻、潇洒而俏皮。龟户萝卜本来是龟户的标志性建筑天满宫和香取神社周边以及小松川流域的野生品种，到了文久年间（1861—1864）开始出现在市场上，很快就得到了江户人的青睐。

龟户萝卜秋天播种。在三月春天的气息渐浓的时候，也就到了收获的季节。龟户萝卜不大但饱含着香甜和辛辣，而所含的水分较少也让它的滋味显得更为浓郁。在明治年间龟户萝卜被冠以"阿龟萝卜""阿多福萝卜"的爱称，

成了厨房里餐桌上的一位重要角色。但是到了平成年号的现在，龟户萝卜即使在产地也难以入手，成了只在一些特定的地方流通的珍稀的春季蔬菜。

"不管是咸菜、煮菜还是菜饭，每种做法都是我想尝试的。所以每到春天，总希望能弄到哪怕很少一点龟户萝卜。上好的萝卜根茎自不用说，宽阔挺拔的萝卜叶子也同样别有风味。"

借用西塚厨师的说法，越是强劲的对手越能激发人的斗志。不论对厨师还是对食客来说，龟户萝卜都不是能够轻易驯服的食材，这也正是龟户萝卜的魅力所在。

萝卜金平

◇ 胡萝卜 碎芝麻 辣椒粉

龟户萝卜的皮同样精彩。这道菜能让人充分领略到龟户萝卜皮和芯都非常厚实的特征。把生萝卜切成条形后稍微晾干,就能让它的甜味更加明显。加上碎芝麻、芝麻油、油豆腐后风味更浓,吃起来更有味道。

"现在无论在日本的什么地方,一说起萝卜,绿头萝卜已经几乎成了萝卜的代名词。但绿头萝卜作为食材其实很是乏味,煮一煮马上就会变得绵软,没了韧劲。特别是靠上的被太阳晒过而发绿的部分更是一加热就会软得不像样子。就是刨成萝卜泥,也甜味有余而韵味不足,让人完全感觉不到萝卜应有的个性。"

绿头萝卜容易煮透,便于烹饪,甜而不辣,也便于种植。从它身上能看出日本人喜好的变化和特征。

让我们回头再来看看这位小家碧玉。从江户时代起,龟户萝卜最主要的做法便是暴腌了。撒上盐放上一晚,和朝天椒、海带丝一起和盘托出的小碗中,是让人眼底为之一动的深邃的绿色。按捺住心中的急切的心情,伸出筷子……

牙齿触到叶脉,发出清脆的声响,散发出萝卜叶子独特的浓重味道。虽然用盐腌过,但舌头仍然能感觉到那坚韧的纤维,让人不禁慨叹。如西塚厨师所言,龟户萝卜所具有的强劲,绝不是绿头萝卜的叶子可以比拟的。

那么萝卜本身又怎么样呢?让我们正襟危坐,再来品尝一下烤萝卜。用出汁稍稍煮过之后,再在铁网上烤出焦痕的热腾腾的龟户萝卜,有一股和配在一旁的烤牛肉一较高下的势头。

萝卜牛肉双烤

○ 芹菜 花椒调味汁 花椒嫩芽

春 / 龟户萝卜

这是多么大胆的搭配！龟户萝卜即使在牛肉的浓香面前也显得毫不逊色。用出汁和海带把萝卜煮过之后，在平底锅上用色拉油把萝卜表面烤至焦黄，龟户萝卜原有的适中的硬度于是被表现得更为淋漓尽致。

如果说龟户萝卜的叶子是关协，那么萝卜本身就是横纲级了。紧密的质地中浓缩了龟户萝卜特有的风味，俨然是横纲的派头。

"正因为是龟户萝卜，所以才能毫不逊色于肉类。萝卜所蕴含的甜味、苦味还有鲜味，略经烤过，便会被一下子释放出来。"

萝卜的确很了不起，不管是用盐腌、煮或者烤，都能变幻出无穷的美味。不仅仅是龟户萝卜，什么品种的萝卜都会因其做法不同而变幻出各种滋味。没有什么蔬菜有比萝卜更丰富多彩的切法了：扇形、薄片、厚片、条形、切丝、滚刀切、斜切、切成圆片……味道和口感也会截然不同。

"用龟户萝卜做咸菜的时候，应该和萝卜的纤维垂直相切，这样盐分会比较容易渗进去；而生吃或者想让萝卜保留金平特有的松脆的口感的时候，则应该顺着纤维的方向把萝卜切成条形；给生鱼片当配菜用的

萝卜饭

◇ 油豆腐 碎芝麻

吃起来能让人感受到浓烈乡土气息的美味萝卜饭。为了适当减少萝卜的水分，可以事先把萝卜炒一下，之后再用酱油和味淋给萝卜调味，让萝卜饭的美味再上一个台阶。在米饭蒸好之后加入萝卜和萝卜叶，再焖一次，最后把萝卜和米饭粗粗拌一下就完成了。

萝卜则应该在和纤维垂直的方向下刀切成丝，这样吃起来就会绵软可口；同样是切成扇形，生吃就切得薄一些，煮着吃则切得厚一些。另外用菜刀切开口再顺着刀口掰开的话，断面的面积就会相对较大，味道会更容易渗进去。"

日语中"千六本"是专门为萝卜存在的词语。母亲在厨房里摆开架势，操起菜刀"咚咚咚、咚咚咚"地把萝卜切成"千六本"，不一会儿家中便飘满了早饭的香味，直入肺腑的大酱汤的香气，让人不免赞叹日语中词汇的丰富多彩。

能否把萝卜的下端、中段、上端等各个部分做得好吃，全看做菜人的手艺。上端发青的部分容易煮透，所以切成"千六本"稍煮一下做成大酱汤；有韧劲的萝卜皮则做成金平风味。日语中有"萝卜演员"这一说法，据说源自萝卜"不管怎么吃也不会吃坏肚子"这一性质。但反过来也说明萝卜是一款值得潜心钻研的食材。

但同时做萝卜忌讳过于精细。在做煮萝卜蘸大酱这道菜时，很多人都会用淘米水或者放了米糠的水来把萝卜先煮一下。而西塚厨师认为萝卜本来就没有什么植物特有的苦涩味道，没有必要刻意去煮。

"萝卜一经煮过有些味道就会散失掉，所以非常可惜。圣护院萝卜之类的品种本来就容

暴腌龟户萝卜

○ 朝天椒　海带

春 | 龟户萝卜

仿照江户时代非常流行的萝卜叶子咸菜做出来的一道菜。在萝卜上抹上盐放置一晚，去掉水分。加上海带和朝天椒做成暴腌。萝卜越嚼越有味道，吃起来嘴里辣、苦、甜各种味道轮番上阵。既可以当下酒小菜，也适合热腾腾的米饭。

易煮软，所以如果预先煮一次的话，就会更容易变得索然无味。既想让萝卜保持原有的风味，又想让萝卜多吸取汤汁的味道时，我会选择蒸萝卜。"

和一般萝卜的口感良好、柔软爽口相比，西塚厨师追求的是凸显萝卜本身的风味。正是出于这种想法，西塚厨师才会翘首以待春天时龟户萝卜的上市。

萝卜其实本来就是地方特色很强的蔬菜。在东京有和龟户大根一样诞生于江户时代的练马萝卜、世田谷的大藏萝卜、适于制作泽庵咸菜以及干萝卜的八王子的高仓萝卜、日野的东光寺萝卜、三浦半岛出产的一经煮过便会变得柔软的三浦萝卜和加贺蔬菜之一的源助萝卜、名古屋城市圈出产的细长的守口萝卜、京都特产的圣护院萝卜、九州出产的世界最大的樱岛萝卜……不同的萝卜反映出各地土壤和气候的不同特征，并以此获得了各自独特的风味。

如果眼里只看到绿头萝卜这样的大路货，那只能说你太疏忽大意了。不想试着品尝一下透着江户风骨的萝卜，体验一下那种为之一振的感觉吗？

文蛤

又到了女儿节，圆润饱满的文蛤，风味是如此雅致。

文蛤

帘蛤科的双壳贝。名称的由来是它的外形似栗子或者形似海滩上的小石子（注：日语中的文蛤一词有海滩上的栗子或者小石子的意思）。

文蛤分布在三陆、东京湾、伊势湾、濑户内海沿岸和九州等地，栖息于和淡水相交汇的浅海的泥沙中，是日本人自古以来的食物，在《日本书记》和《本草纲目》中都有记载。文蛤的成长很慢，需要三年时间才能勉强长到五厘米。

原汁煮文蛤盖浇酱油果冻

○ 虾夷葱　萝卜蓉　胡萝卜蓉　裙带菜汁

春／文蛤

日本料理中有一种细致得惊人的技法。所谓原汁煮文蛤（潮浸），是指打开文蛤后，把里面的汁液收集到一起，加上海带出汁和酒煮沸后，再放入文蛤肉用小火煮的烹饪法。文蛤和它赖以生存的海水在这里分而复合。苦橙汁酱油做的果冻盖在文蛤肉上，让文蛤更显华贵。

　　针鱼、马鲛鱼、玉筋鱼、银鱼、长枪乌贼、短蛸、裙带菜、海蕴——这些全都是早春特有的海鲜。寒冷的海水在春天柔和的阳光照射下，开始一天一天地转暖。

　　这个季节绝不可错过的便是文蛤了。按照过去的习俗，从阴历三月三日的女儿节到中秋八月十五日，是不吃贝类的。过了夏季的产卵期，时至秋冬，成年贝壳又重新变得肥美，幼贝也得到了足够的成长，在这时降临的春天，正是文蛤最美味的季节。

　　但是文蛤的价值绝非仅仅在于它的时令性。

　　"文蛤有一种说不出的典雅而高贵的感觉。"西塚厨师如是说。

　　胜出其他食材一筹的典雅味道——方头鱼、若狭鲽（注：若狭指福井县若狭湾沿岸的地区，若狭鲽特指用该地出产的鲽鱼制作的干鱼）、鲍鱼等食材也给人和文蛤类似的印象，但是西塚厨师说，在这些食材中，文蛤最能让他感受到某些高贵而不可或缺的要素。

　　"可以说那是一种柔美的女性般的魅力

酒焖文蛤

裙带菜　竹笋
嫩蕨菜　花椒嫩芽

吃文蛤绝不能错过的是酒焖文蛤。用来衬托文蛤的是用二道出汁煮过的裙带菜、竹笋、嫩蕨菜和花椒的嫩芽。山边海中的春色在面前汇聚一堂，一边品尝这些季节特有的美食，一边在胸中回味日本的春天。你会发现文蛤的壳也成了一样别致的餐具。

吧。"

"合贝"又称"覆贝"，是从平安时代开始流行于贵族之间的一种游戏。在文蛤的贝壳内侧施以彩绘，游戏要做的是找出本是一对的两枚贝壳。哪怕把成百上千枚贝壳放在一起，也绝不会有两枚完全一样的贝壳出现。这就已经让人感受到了文蛤超然脱俗的魅力。

文蛤的浓香、美味、独特的柔软口感，全都是别的食材所无可比拟、无法替代的。"文蛤的美味自成一体。一般的食材都需要用别的食材来作补充或者搭配，然后再凭借出汁的鲜味让菜更加美味可口。而文蛤截然不同，它不会轻率地接受别的食材，而我也同样不愿勉为其难。"

也许正因为如此，文蛤自古以来就有那么几种首选的做法，也就是烤文蛤、文蛤清汤和酒焖文蛤。

其中烤文蛤是东海道五十三驿中（注：江户时代设置的从江户至京都的东海道上的五十三处驿站）伊势（注：古代日本区划名，现三重县）桑名地区广为人知的特色美食。当时桑名的小吃店会给在七里渡口等待渡海的客人端上热腾腾的烤文蛤，据说这些文蛤

清汤文蛤山药丸子

春 文蛤

烤出焦印的腐竹 切成长条的胡萝卜 土当归 鸭儿芹 花椒嫩芽

把煮至略微发白的文蛤肉切碎后和山药泥拌好，用文蛤壳重新压成文蛤形状——这道菜就是如此别致。打开文蛤壳时溢出的汁液也混在里边。用柔和的蒸汽蒸好的山药丸子，触到舌尖时的轻柔感觉让人不禁联想到春天的彩霞。放在丸子上的是微微烤焦的腐竹。

水煮文蛤

若干种蔬菜 珊瑚菜 拌了青芥末的醋

把文蛤用热水略微烫过之后再加热——这一小小的技巧能让文蛤更显香甜,口感也会平添几分韧性,又是一道别有情趣的文蛤菜。在"三杯醋"里拌上磨碎的山葵(青芥末),浇在上面,能让整道菜更有一体感,使风味更显紧凑。

都是用捡拾来的松塔烤出来的——松塔在啪啪的响声中炸裂开来,大颗大颗的文蛤被火烤得轻轻晃动,待到火候到时,从铁网上取下,轻轻掀开上层的贝壳,等待着人们的不知将是何种美味……

贝壳之所以可以轻易地打开,是因为事先在两片贝壳相连的部分用菜刀轻轻切过。这样做还可以在文蛤烤熟的时候不至于让汁液飞溅开去,使文蛤的肉始终浸泡在鲜美的肉汁中加热,这也算是一个不大不小的窍门了。虽然名为烤文蛤,但实际上是在焖蒸。因为是焖蒸,所以美味也就能够自然浓缩其

中了。而酒焖文蛤因为加了少许酒和出汁,所以鲜味显得更美妙一些。制作文蛤清汤时则需要用出汁来稀释文蛤的鲜味,使清汤整体的鲜美恰到好处。

既不浪费哪怕一滴肉汁,也不能因为火候过头让肉的美味和香气受到影响,所以需要格外注意掌握火候。而文蛤有着足够强烈的吸引力来让人尽心照料它。

说到这里,就不能不提一下关于文蛤的一些内幕了。

"天然的本地文蛤其实少之又少,本地文蛤之外多的是朝鲜文蛤(斧文蛤),那些

烤文蛤

◯ 柠檬 姜芽

春 文蛤

为了在烤文蛤时不让文蛤猛然张开而使文蛤里面的汁液洒落出来，可以在贝壳相连的部分用菜刀预先切一下（参见下图）。洒在贝壳上的盐，使人仿佛听到远方大海的波浪声。亮黄的柠檬，让整道菜的视觉印象为之一新。

基本上都是外海性的养殖文蛤，而本地文蛤是内湾性的。"

本地文蛤栖息在海潮和河水交汇的地方。

"两者的区别一目了然。养殖文蛤小而硬，蛤肉不够肥厚，也没有什么肉汁。而天然文蛤丰满肥厚。养殖文蛤不管是味道还是香味都异常单薄，而本地产的文蛤则是粒大而柔软，有着文蛤独特的淡淡的香味。"

所以如果没有本地产的文蛤入手的话，追求味道的细节也就没有什么意义了。虽然形势并不允许有太多的挑三拣四，但是好不容易等来的春天，单单临渊羡鱼的话，就只能目送着春之女神的背影远去了。当你的手轻轻揭开盛着文蛤的木碗的碗盖，和蒸汽一同飘出的是文蛤那怡人的香味，在这个瞬间，早春已如花儿般绽放在了你的心间。

银鱼

银鱼

鲑形目银鱼科银鱼属。身体透明,腹部有两道黑点构成的条纹。全长十厘米左右,分布在从北海道至九州的日本列岛沿岸,栖息在海湾以及湖泊中。春季产卵,到第二年的三月发育成七厘米左右的成鱼。因此从早春到三月是银鱼最适于食用的时间。

味道清淡而又让人捉摸不定,我们能做的只有敞开胸怀去迎接这美丽的白色。

银鱼竹笋土当归盖浇梅醋

紫苏叶 碎芝麻

为了让这道菜中的银鱼吃起来更加柔软，运用了日本料理中如下的技巧：把银鱼排在托盘上撒上少许盐，放进蒸锅里，用微弱的蒸汽加热后再冷却。这样的操作能同时保持银鱼形状的完整，可谓一举两得。浇上爽口的梅醋，使这道菜更显淡雅。

春 银鱼

　　有那么一种美味，不主动去寻觅，就不可能一窥其真容——这是日本人对美食特有的好奇心。

　　味道虚无缥缈、清淡无比、难以捉摸，但如果细细去品味，美味又能悄然绽放开来。本来让人觉得虚无缥缈的味道，不知何时又能让人感受到它实实在在的美味——这便是银鱼，细小的银鱼看起来是那么柔弱，它的身影隐藏在春光下荡漾的波纹中，透明的身体轻飘飘地便从人们的视线中逃开了。但是对于了解银鱼美味的人来说，属于银鱼的季节的每一次到来，都会让他们重新感觉到对它的美味的渴望。

　　春天的黎明，月儿朦胧，银鱼渔船上的篝火在天际飘渺。

　　众所周知，这是歌舞伎剧目《三人吉三廓初买》中脍炙人口的念白。在江户时代，隅田川河口的佃岛是银鱼有名的产地。从农历十一月前后到早春时节，在渔船上点燃篝火，用扳罾捕捞银鱼的场面，成了江户这座

油炸蛋黄银鱼

○ 椿芽　盐

看到这道菜，会让人赏心悦目，不由得笑逐颜开。银鱼仿佛在尽情地戏水，其乐融融。炸好的银鱼外焦里嫩，让人吃起来也是乐在其中。给银鱼裹上放了较多蛋黄的浆汁，稍稍炸过一下即成。配在一旁的椿芽野趣盎然，可以看出西塚厨师不凡的创意。

城市春季最具象征性的一道风景。又因为在银鱼的头部可以找到形似德川家的家纹双叶细辛的形状，所以江户时代的惯例，是在每年三月一日把银鱼装在朱红色的木盒里，用金漆写上"御用银鱼"的字样进贡给德川家。据说德川家康喜爱三河地方（注：日本古代地域名，现爱知县东部）出产的银鱼，得知江户也出产银鱼的他喜出望外，认为这是"大吉大利之兆"。银鱼匀称而高贵的外形和淡雅的口味，让它一跃成为贵重的食材。连德川幕府的将军也彻底为之倾倒了。

银鱼的生命力异常纤弱，一经捕捞，马上就会变得奄奄一息，所以西塚厨师每年都会抢着采购刚刚捕捞上来的银鱼。

"为了不管什么时候进货都能应付得了，我总会事先作好准备，严阵以待。银鱼坏得非常快，所以最重要的就是趁着新鲜赶快用。烹调的时候也绝不能漫不经心。"

"对于厨师来说，银鱼是尤其需要全神贯注来面对的食材。一旦有什么闪失，银鱼的鲜美也就要大打折扣了。"

"可以先用较淡的盐水轻轻漂过，再充

日本还有另一种鱼，被称为白鱼（注：中文学名彼氏冰虾虎鱼），是经常和银鱼混为一谈的鱼类。银鱼是鲑形目银鱼科，而白鱼则是鲈形目虾虎鱼科。这两种鱼不管是外形还是味道都大不一样。在九州常被用来吃的，便是白鱼了。究其原因，还是因为银鱼过于珍稀，难得一见，各地也就把白鱼当作银鱼的替代品了。

春色荡漾，冰解水暖之时，银鱼的美味让人等得心焦——轻轻拈起一筷，放进嘴里，眯缝着眼睛尽情品味，蓦然间，春天已站在了你的身前。

春　银鱼

烤银鱼筏
○ 花椒的花朵

多么富有情趣的一道菜。看到它耳边仿佛响起了过去流行的小曲。把银鱼放在酒里泡过之后，用签子串起来排整齐后风干（见上图）再去掉少许水分后稍微烤一下便完成了。配的花椒的花朵，用薄口酱油和酒煮过。

竹笋

竹笋 禾本科的竹子从地下茎上长出的幼芽，原产于亚洲，有毛竹、北方华箬竹、桂竹等品种。因为竹笋会在一旬（十天）之后长成竹子，所以笋字又写作『筍』。竹笋特有的风味源自它所含的酪氨酸、天冬氨酸等氨基酸。酪氨酸在煮过后会凝固发白，但对人体无害。

奋力推开大地的拥抱，竹笋探出它的头来。那是新的季节带来的生命力。

生笋片

○ 梅肉　青芥末

春　竹笋

把刚刚挖出来煮好的竹笋拿来做成生笋片，让人觉得这才是享用竹笋的最佳方式。摆在前面的是靠近笋尖的柔软部分，放在后面的则是竹笋的中段，稍具硬度。不管哪个部分，都切得较厚。青芥末和梅肉这两种佐料可以凭自己的喜好来选择。

　　黢黑的土地中，竹笋缓慢而强有力地推开大地的阻碍，猛地探出头来。如果在山野中亲眼目睹这一充满生命力的身姿，想必谁都会为那强力的视觉冲击力而咋舌。

　　竹笋饱含了季节所赋予的生命力。它内部的空洞其实便是其体现。这一事实不免让人拍手称奇。由于竹笋各节之间的部分生长速度过快，"髓部"分裂增殖的速度无法跟上，于是竹笋的内部产生了缝隙，最终形成了空洞。空洞反而是竹笋成长迅猛的佐证，这可真耐人寻味。

　　竹笋俨然是旺盛生命力的结晶，也正因如此，竹笋一旦砍下来，就需要争分夺秒了。随着时间的流逝，竹笋特有的苦涩味道会逐渐显现。因此尽量追求材料新鲜的西塚厨师常常要求砍伐竹笋的人在发货之前，把刚刚砍伐下来的竹笋先煮过之后再运送出来。

　　产地的不同也会给竹笋带来截然不同的特点——"京都出产的竹笋无比鲜嫩而且没有涩味，所以清早砍伐的竹笋不需要用煮的方法来预处理，可以直接煮食"。

　　京都产的竹笋虽然鲜嫩细腻没有涩味，

对虾笋夹

○ 蚕豆　盐

让人为之眼睛一亮的大胆搭配。但吃过之后却又让人心悦诚服。竹笋的涩味和淡淡的苦味与虾的香甜配合得天衣无缝,其美味给人以深刻的印象。把竹笋韧性较强的部分切成半圆形,好让人品味竹笋特有的轻快口感——西塚厨师的这一创意也让人赞叹不已。

但却缺乏劲道的口感。而关东地区出产的竹笋则不乏独特的鲜美和涩味——"所以关东出产的竹笋大多需要事先煮一下。千叶具的大多喜是远近闻名的竹笋产地,那里出产的竹笋只要事先煮一下,就能让清脆的口感和独特的鲜美全部发挥出来"。

各地土壤中所含矿物质和养分的不同,直接影响到竹笋的味道和硬度。特别是在做成生笋片,也就是直接品尝竹笋本来味道的时候,最让人煞费苦心。老话说"欲挖竹笋、先烧热水",正是其鲜明写照。

"在一般市场上看到的竹笋,已经没法生吃了。只有把从土里隐隐约约探出头的竹笋挖出来马上食用,才能体味到百分之百的生竹笋。现在被称为生笋片的,一般都是用热水烫过的半生笋片。比如说我经常采购的德岛产的竹笋,在端上桌之前我都会稍微用热水涮一下,像这样留有余温的笋片鲜嫩而不乏清脆的口感,同时能引出竹笋独特的甜味和清香。"

选择哪种竹笋,可谓是仁者见仁,智者见智。竹笋的不同部位也各自有其所适合的做法。富含水分而柔软的笋尖和笋衣,可以用在清汤等汤类中;口感清脆爽滑的竹笋的中心部分,则可以随意切块后或烤或炸,当然也可以和别的肉、菜煮在一起——以裙带

竹笋饭

◇ 花椒嫩芽

春 | 竹笋

竹笋饭是山中的美食。把竹笋柔软和稍硬的部分分别取来，用二道出汁煮出的竹笋饭，是春天带来的无上的美味。用竹笋煮出的出汁也是妙不可言。油豆腐的浓香使竹笋饭更加回味悠长，同时也让竹笋和米饭的搭配显得更加自然。

菜和竹笋为原料的"若竹煮"，是春季日本料理首选中的首选。另外在传统的做法中，还有一种把竹笋磨成碎末使用的方法——把竹笋比较坚硬的部分磨成碎末，和别的食材混合在一起后蒸成像鸡蛋豆腐一样，或者做成糕点，和葛根粉混在一起做成果冻……一棵竹笋，百样吃法，西塚厨师技艺和创意由此可见一斑。

一年中总会想要饱餐那么一两次的，自然还是回味无穷的竹笋饭了。

"竹笋饭首选口感和味道都有独到之处的竹笋下部和笋衣这两个部位。蒸饭用的出汁选用充分煮出味道的二道出汁。在做出汁时放入用热水冲掉油脂成分的油豆腐，并用盐和薄口酱油调味。这样就能做出风味高出一筹的竹笋饭了。"

在剥笋皮的时候，极其柔软的一部分笋肉也会被剥离下来。用刀轻轻割开这个部分，自然脱落下来的，就是笋衣了。一年才得以一见的时令性食材，当然要物尽其用，不能有丝毫的浪费——这也是西塚厨师的追求之一。

西塚厨师还传授了这样一些经验心得：在煮竹笋的时候，要用大量的热水，并且在里面加上米糠和朝天椒。这么做是为了让竹笋中的涩味成分草酸和米糠中的钙质发生中

清汤竹笋豆腐

◎ 鲷鱼白 切成花瓣形的胡萝卜 嫁菜 花椒嫩芽

日本料理中有很多让人为之惊异的很前卫的技法,竹笋豆腐便是其中之一。把磨碎了的竹笋和用网眼滤成泥的鲷鱼白揉在一起,蒸成豆腐状的食物,就是所谓竹笋豆腐了。不难想象这是一道多么费时间的菜。配在豆腐上的笋尖,是事先和头道出汁做的汤一起温好的。

和反应。生竹笋长时间放置的话,涩味会越来越重,最终变成苦味,所以应当带着皮煮过再保存。但是一直泡在水里的话,竹笋的鲜美会逐渐消失,所以最好的保存方法是煮过之后带着皮一起冷藏。

竹笋有很多种类。最早长出来的是毛竹,然后是紫竹、千岛箬竹。

"小时候经常被大人派出去采千岛箬竹。因为是在竹丛里,大人不容易进去,所以总会让小孩去。千岛箬竹长在山坡上,弯曲着向上长。啪啪啪地随便折上几棵拿回家去,母亲就会用采来的竹笋做竹笋饭给我吃。斜

切成片的竹笋和油豆腐一起煮出来的那浓浓的味道同样让人无法忘怀。"

每到竹笋上市的季节,西塚厨师总会有一种跃跃欲试的感觉。

"提前上市的竹笋和松茸,怎么说呢,有时候会让我有一种把它们奉若神灵的感觉——给我带来和季节邂逅的感动和兴奋的神灵。"

放射着美丽光泽的绒毛,绒毛覆盖下的笋皮层层交叠,充盈其间的,是那春天带来的生命。

夏

章鱼　　　鲣鱼
　　襄荷
茄子
　　　　蜜柑
鲹鱼

鳗鲡

鳗鲡　西塚厨师用的是产自浜名湖（注：位于静冈县浜松市、湖西市之间的湖泊）和琵琶湖的鳗鲡。野生鳗鲡在海中产卵孵化后会在夏季溯河而上。因其所洄游的河流不同，鳗鲡肥美的程度和口感也会有所不同，个体差异也较大。在鳗鲡进货后，西塚厨师会先试着烤一次来了解脂肪的含量和肉的质地。

不同的做法能让鳗鲡变幻出千变万化的风味。肥美的鳗鲡给盛夏带来了滋养。

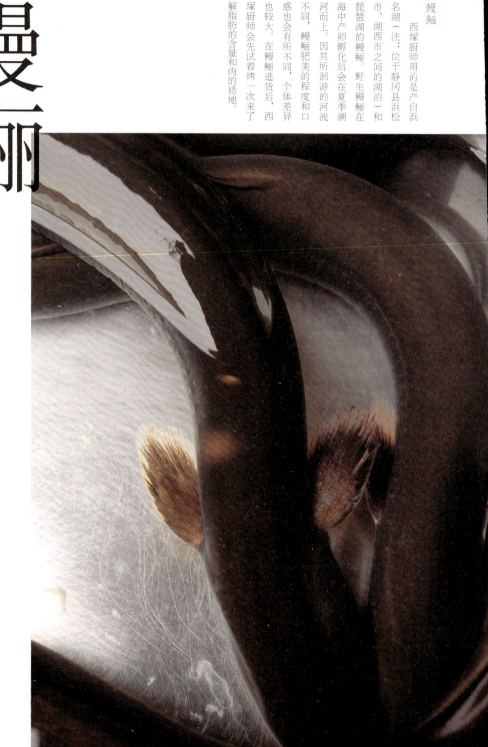

清汤鳗鲡豆腐

鸡蛋豆腐 大葱葱芽 姜

虽然喜欢吃鳗鲡,但却从来没有和鸡蛋豆腐一起吃过。兴致勃勃地尝上一口,却发现这两样是如此般配,让人甚至有一种似曾相识的感觉。鸡蛋豆腐上抹有掺了淀粉的出汁,使鳗鲡和鸡蛋豆腐完美地融在了一起。

夏 鳗鲡

盛夏是鳗鲡的季节。在属土的丑日,烤得松软饱满的蘸酱烤鳗,正是盛夏之时身体最渴求的美食。

以东京湾为产地的鳗鲡会在晚春至盛夏之间,从外海洄游到羽田至佃之间的近海,之后身体开始逐渐积蓄起脂肪。季节变化同时带来了食材风味的变化。看准这变化的时机,绝不放走味道最为上乘的瞬间,这才是日本料理对美食的追求。

这最上乘的食材,要做成何种美味佳肴呢?是蘸上酱烤,还是不加任何佐料来烤?抑或是烤好后切成段拌上腌好的黄瓜和酱、醋、料酒?还是烤好后和炒至半熟的鸡蛋拌在一起?西塚厨师掰着指头一一数到这里,便停了下来。他端上来的,是一款让人倍感意外的菜肴。

"清汤鳗鲡豆腐"——把富含脂肪、风味独特的鳗鲡和柔之又柔、吹弹欲破的鸡蛋豆腐搭配在一起,再配以透明澄清的清汤——这正是经验老到的厨师才可能出手的超凡脱俗之作。西塚厨师的"突然袭击",让我伸手拿筷子的动作也少了几分从容。

"说起鳗鲡,我脑海里最先浮现的其实就

鳗鱼火锅

◇ 庄内面筋　九条大葱　姜汁

这是一口多么让人震撼的小火锅！把鳗鲡切成圆筒状，烤掉多余的油脂，烤出诱人的肉香。火锅中的出汁也是用鳗鲡的鱼头和骨头煮出来的。为了吸收鱼肉的鲜美，火锅里还放有庄内面筋和比较柔软的九条大葱。这一搭配让人不由得要赞叹。

是汤了，而且是尽量不加修饰的那种。把鳗鲡切好，不加佐料烤好以后再蒸，这样就能去掉鳗鲡多余的油脂，同时也让鱼肉更加柔软。为了让鳗鲡的香味更浓郁，再轻轻刷上调和好的酱油和酒，放在火上烤至焦黄。"

最后把鳗鲡放到鸡蛋豆腐上，再盛上清汤就完成了。揭开碗盖，葱芽的嫩绿和姜蓉的黄色就先让人眼睛一亮。啜上一口清汤，把鳗鲡和鸡蛋豆腐一起夹起来放进嘴里，鸡蛋豆腐的爽滑和慢慢化开的鳗鲡的颗粒感，再加上鱼皮的弹性，各种口感相互交融、互成对比，让食之者按捺不住心中的惊喜。这时再喝上一口汤，舌尖上各种美

鳗鲡饭

◎ 当季的牛蒡　烤蛋皮　鸭儿芹　花椒粉

夏　鳗鲡

本来就相当好吃的鳗鲡饭，又加入了新的创意。在煮饭时削一些牛蒡进去，可以让风味更加浓厚。往米饭里加烤好的鳗鲡，则是在焖饭之前——原来加牛蒡是为了让米饭和鳗鲡的味道融合得更紧密。难怪这饭会有如此美味，或者应该说简直美味得过了头。

味的大合唱在汤汁暖暖的冲刷下，一下子便又归于寂静。

这便是西塚厨师为我们展示的鳗鲡的耐人寻味之处。把鳗鲡烤好之后再蒸，可以在去掉鳗鲡多余的油脂的同时，让潜藏在鱼肉内的鲜美味道更加明显。但是这道菜的妙处还不止这些——纤弱的鸡蛋豆腐和刻意做得清淡的汤汁的搭配，使鳗鲡得到了一个在轻巧之间展现其魅力的全新舞台。

鳗鲡所具有的独特的风味，凭借厨师的技术，还能得到进一步的发挥，譬如鳗鲡火锅和"印笼煮"。鳗鲡一经煮过便会渗出鲜美的肉汁，而这两种做法反其道而行，都是为了把肉汁完全封闭在鱼肉中而研究出来的做法。

"烤过的鳗鲡可以煮出鲜美的肉汁，但是头道和第二道煮出的香味浓烈的肉汁，反而会让味道变得粗杂，影响到整体的口味。所以底料完全可以用水代替。我会在鳗鱼火锅中加上用鳗鲡的鱼头和骨头煮出来的汤汁。庄内面筋和柔软的九条大葱都能够充分吸收鳗鲡的鲜味，让整道菜的味道更有深度。"

在做鳗鲡饭的时候，西塚厨师也会放上一些从鱼头和骨头煮出的汤汁。在把煮好的米饭接着焖下去之前，要先拌上烤得很透的鳗鲡切

鳗鲡豆腐泡

（牛蒡 木耳 胡萝卜）糖荚豌豆 黄芥末

鳗鲡原来还可以这么做！这又是一道让人惊喜的菜肴。把鳗鲡的头和后半段的肉切碎，掺上牛蒡、木耳、胡萝卜，再拌上用网眼滤碎的豆腐，做成类似豆腐泡的食品。把圆滚滚的豆腐泡油炸之后再用海带取的出汁煮。各种不同口感的食材的大合唱让人大饱口福。

成的细丝。这样做出来的鳗鲡饭，其浓香让人回味无穷，即便已经吃饱，也会忍不住再盛上一碗。那是一种让人欲罢不能的美味。那种鲣鱼干和海带所没有的柔和的风味，会给所有品尝它的人都留下深刻的印象。

"鲣鱼干作为出汁的原料，其缺点是过于简便、过于一般化。虽然做菜的人总会习以为常地去借助鲣鱼干的力量，但是在一整桌菜中重复使用鲣鱼干出汁的话，就算每道菜单独吃起来都很好吃，尝遍之后也会有千篇一律的感觉。"

西塚厨师所追求的，是不用大费周章，仅凭食材本身的风味就能让人吃上心满意足的日本料理。这是支撑西塚厨师美食创作的基本准则之一。

"不仅限于日本料理，但凡是手艺人都会考虑如何最大程度地利用手头的材料。以鳗鲡为例，经过熏烤这个过程，鳗鲡既能获得些什么，也会失去些什么。当我面对新鲜的食材，考虑怎么使用它的时候，首先想到的自然也就是生吃了。"

话虽如此，但是当然也不是什么都能一味拿来生吃。

"其次想到的也就是'烤'了。这是因为

鳗鲡印笼煮

○ 四季豆　花椒粒

充满阳刚之气、极富挑战性的一道菜。最大的魅力是那浓烈的风味。当季刚收获的牛蒡脆嫩的口感和强烈的香气，鳗鲡略带黏性的柔软和萦绕于口中的悠长的回味——鳗鲡和牛蒡的绝佳组合让人折服。

"烤和油炸都是能够让食材失去的东西相对较少的烹饪方法。而细想一下，'煮'就是比较粗暴的加工方法了。"西塚厨师如是说。之所以这么说，是因为煮食的过程中，总会添加出汁和佐料等食材本来并不具备的东西。同时食材中的成分也会源源不断地流失到汤汁之中。所以在煮东西的时候，尤其需要注意把握食材的特性和味道。

接下来端上桌的，是色泽诱人的印笼煮。鳗鱼的香味和当季采摘的牛蒡的清香扑鼻而来。汤汁取第二道煮出的鳗鲡肉汁，并且用水兑得较为清淡。调味时则用浓口酱油、味淋和酒把味道调得浓些。这道对味道的增减作了精心处理的印笼煮，不管是鱼肉还是牛蒡，都饱蘸着鳗鲡的鲜美。

一直以来以为鳗鲡无非是蘸酱烤鳗的我这才知道，鳗鲡原来还有如此别致的吃法……

蘘荷

蘘荷　姜科的多年生草本植物。传说释迦牟尼的一位记性不好的徒弟去世之后，在他的坟墓上长出了一株谁也没有见过的植物。被命名为蘘荷的这种植物于是就有了"吃过之后会健忘"这样一种说法。除了柔软的蘘荷杆之外，蘘荷的花穗也被用于点缀生鱼片以及做汤。

翠翠的口感让人觉得分外凉爽。薄薄的叶片层层交叠，吃起来回味无穷。

水煮蘘荷海鳗

○ 烤海鳗　打上结的鸭儿芹　花椒粉

还是那平平常常的蘘荷,可一旦和海鳗搭配到一起,便有了鲤鱼跳龙门的感觉。学会这道菜,一定能让别人对你的厨艺赞赏有加。把材料放进用海鳗骨头熬出的出汁中加热,细腻而高雅的风味便油然而生了。这道菜再次证明了食材用得成功与否全看搭配。植物特有的鲜嫩的口感又给夏天带来了几许凉意。

风铃的声音、游泳池中溅起的水花、麻布面的被子——不管长到多大,童年夏日那甜蜜又充满兴奋的回忆总会留在我们的心间。但是回忆中也有并不讨人喜欢的东西,午饭时吃的凉面或素面里放的蘘荷就是其中之一。

让人敬而远之的,是那咬起来脆脆的口感和介乎酸辣之间的味道。但从二十几岁的某个时候起,却突然开始急切盼望蘘荷在初夏上市了。对于西塚厨师来说,蘘荷的味道同样充满了夏日的回忆。

"那时在山形的老家能采到特别多的蘘荷。把它和狮子青椒(注:日本把成熟前采摘的小型青椒称为狮子青椒,细长,大约手指大小)、黄瓜一起用盐腌制的咸菜每天都会像一座小山一样出现在餐桌上。当时的我并不喜欢吃。那确实是只有大人才喜欢的味道。但是不知不觉之间我也能吃得了了。大概就是在这个过程中,身体把蘘荷当作夏天的味道记下来了吧。"

蘘荷每年可以收获两次,分别被称为夏

蘘荷和秋蘘荷。它外形饱满，质地紧密，周身带着一抹淡淡的红色。蘘荷是日本原产的为数不多的调味用蔬菜，在《延喜式》（注：平安时代中期编纂的律令制的实施细则，927年完成，由藤原时平等人编撰）和《料理物语》（注：江户时代出版的关于烹饪的专著，刊行于1643年，著者不详）等古书中就有所记载。

"酱烤蘘荷串"这道菜在江户时代的书籍中就有记载，这足以说明蘘荷和大酱是一对绝佳的搭档。这同时也是西塚厨师喜欢的搭配。西塚厨师在做这道菜时会在蘘荷里夹上较多的"酱油曲大酱"（注：用酱油的酒醋生产的大酱），裹上面粉糊后把表面炸至松脆。咬到热热的蘘荷时，里面被加热的大酱便会一下流淌出来，让人忍不住伸手去端冰啤酒——这样的搭配确实是只有夏天才能享受得到的美味。

"从某种意义上来说，厨师做的菜也可以说就是厨师自己想吃的东西。为了做到这

梅醋腌蘘荷

泽庵咸菜　越瓜

看到这道菜的瞬间就会让人为之醒目。如此鲜明的色泽，俨然成了美食的一部分，和它的美味一样让人愉悦。把蘘荷对半切开撒上盐，放上一天之后再用梅醋腌好，一道酸爽的蘘荷料理便完成了。把蘘荷的尖角切掉，强调出它柔美的曲线，也让人对蘘荷顿生怜爱之情。

夏 | 蘘荷

油炸大酱蘘荷

○ 少鳞鳝　小秋葵

让人倍感意外的全新创意。把蘘荷的中心切开，在断面上抹上没有什么甜味的酱油曲大酱，这样的点子又有谁能想得出来？给蘘荷裹上面粉调的糊，再炸至松脆，趁热咬上一口，大酱醇厚的味道便会夹裹着蘘荷的香气，翩翩而至。

一点，厨师自己也必须保持健康，同时也必须注意保持良好的心态。"

"是太热了吗？——当家里有人无精打采的时候，我的母亲总会这么问，然后去买些酱烤鳗鲡回来吃。夏天就应该吃夏天特有的食物，这样的东西会自然而然地赋予身体活力。"

"所以我总是避免早早就把菜单定下来。把菜单早早拟出来的话，就必须会用到某某食材，这样自然就会出现材料比较勉强的情况。最应该努力做到的，是考虑每个季节最适合的食材、最能取长补短的搭配。而这只能靠来源于自然的食材慢慢教会我们了。"

料理的根基并不在于什么奇思妙想。最重要的其实是平时常做的菜，平常总用的搭配。

酸爽的食品在夏天对身体尤其有好处。所以蘘荷也可以拿来和醋搭配，而且要用更能让味道凸显的梅醋或甜醋。

"对于本身的韧性和味道都很有特色的

蘘荷寿司

○ 蘘荷 蛋黄寿司

夏日里必然会想着要做一次的蘘荷寿司。把蘘荷泡在用汁冲淡的梅醋中腌好之后，盖在醋饭上，就变成了一道赏心悦目的美食。摆在左边的，是用网眼滤碎后加了甜味的蛋黄。如果在怀石料理的中途想换一换口味，或者在前菜之后想吃点东西，这盘寿司一定会让你爱不释手。

蘘荷来说，味道淡而不够鲜明的醋没什么效果。每到夏天我总会想起来要用的佐料就是梅醋。梅醋还可以用来给莲藕上色，或是用来煮萝卜，还能代替调味梅酒或者作为调和醋的材料，可以一年从头用到尾。"

西塚厨师用的梅醋，是他的岳父用自家种植的梅子做的。为了让梅醋呈现出漂亮的红色，西塚厨师特意让岳父在里面放了很多紫苏叶子。

蘘荷所带的红色非常特殊。在醋中充分浸泡后它会变得更加透明清爽，仿佛在展示它源自自然的美丽色彩。让人不由得放下筷子，无比怜爱地仔细端详的，是小巧可爱的蘘荷寿司。而分别使用一般的醋饭以及鸡蛋黄，又让蘘荷寿司有了两种截然不同的风味。把小小的蘘荷的色泽和形状加以最大限度的利用，无不是西塚厨师高超技艺的体现。

各个季节都有自己的味道。把在四季交替下的大自然孕育出的美味捧于掌上时，要做的也就是如何去充分利用它了。

蘘荷拌夏季蔬菜

◇ 狮子青椒 四季豆 胡萝卜 当季的莲藕 木耳 碎芝麻

各种特性鲜明的夏季蔬菜尽在这一盘之中。用热水烫过之后不再用水浸泡，直接装盘，用鲣鱼干出汁、盐和薄口酱油调制的汁液浸泡入味就可以了。这道菜需要的只是蔬菜本来的风味和调味用的盐，所以才采用这样的做法来使酱油的味道不致过于明显。

"到什么程度算是各个季节本身的味道，到什么程度属于矫揉造作。我觉得如何让菜在这层意义上做到恰到好处，才是料理的真正意义所在。"

话说到这儿，蘘荷海鳗汤上桌了。用海鳗的骨头熬出来的淡淡的汤汁和咬起来发出清脆声响的蘘荷在这里汇聚一堂。每咬一口蘘荷，层层叠叠的花瓣里都会渗出暖暖的汤汁，淌过齿颊，直入肺腑。

能邂逅一个这样的夏天不也妙哉？——我在心中这样暗自庆幸。

番茄

番茄

茄科茄属，是仅次于粮食作物的世界上栽培量最多的蔬菜。原产于南美安第斯山脉，不喜多湿的环境。在明治年间舶来日本，最初被称为『红茄子』。相比皮厚味酸的红色品种，日本人更喜欢皮薄甘甜的粉红色品种。日本有名的番茄品种『桃太郎』最适于食用的时间是五月到九月。番茄含有丰富的天冬氨酸等氨基酸，番茄红素这一抗氧化剂，维生素A、维生素C、β－胡萝卜素和食物纤维中的果胶。

那耀眼的红色，是来自夏日照耀大地的太阳的馈赠。

日式冷汤

○ 虾肉玉米丸子 四季豆

夏 番茄

这款日式的西班牙冷汤用的竟然是从干虾仁煮出来的出汁。干虾仁特有的鲜味会消除番茄的生味，使整道汤充满了后味十足的酸味。番茄用搅拌机打碎之后再用网眼滤碎一次。调味品只用盐。用玉米做的丸子吃起来也是其乐无穷。

把刚刚从田里摘下来的番茄用手掌使劲蹭一蹭，就会看到番茄那鲜红的表皮在夏日骄阳的映射下放出艳丽而湿润的光辉。

不管是阳光下被烘得暖暖的番茄，还是泡在井水里冰凉的番茄，全都充满了夏天的气息。当成零食咬上一口，不论是滴下来的果液还是种子、果肉、果皮，全都亮晶晶地闪着光——这就是我对昭和的三十年代，我小时候的番茄的回忆。

但是过了半个世纪，番茄似乎已经进入了一个全新的时代。

"现在蔬菜店和厨师都非常关注各种各样的番茄新品种。尤其是迄今为止没有过的果肉肥厚、酸味强烈而没有什么甜味的番茄品种，最近越来越多。这些都适合用来做菜。"

虽说现在在很多店里都已经开始销售用各地的名品番茄做的凉拌番茄，但是据西塚厨师所说，日本料理的厨师一直到最近也没有把番茄真正当作日本料理的材料。

甜味和酸味这两种过于明显的味道对于日本料理来说极难应付。一旦和别的食材搭配，番茄都会让它们带上自己的味道。

鲶鱼炖番茄

◎ 烤鲶鱼干

这道菜又让人惊异于西塚厨师的奇思妙想。把用热水烫掉皮的整个番茄直接放在用烤熟的鲶鱼干煮出的出汁中炖至入味——这一创意的大胆、构思之完美让人折服。烤鲶鱼干的香味和略带苦味的番茄相得益彰。用人们熟知的材料尝试未知的组合，就一定会有全新的美食现身其间。

"番茄的味道过于强烈，所以一不小心整道菜的味道就会被番茄给带走。"

事实上番茄的鲜美在蔬菜中确实鹤立鸡群，同时也是谷氨酸和天冬氨酸的宝库。

正因为如此，在意大利菜中，番茄酱的作用类似日本料理中的出汁。当夏天过完，意大利人会全家出动花上好几天时间赶制出今后一年内所需的番茄酱。番茄酱就好像是日本料理中用鲣鱼干或者海带熬制的出汁一样，成为每天菜肴中不可欠缺的"美味的基础"。在刚出锅的意大利面上浇上不加任何修饰的番茄酱，就是这么简单，一款无懈可击的美味佳肴就完成了。

番茄确是一种不可小视的食材。安第斯山脉原产的番茄经由墨西哥，在新大陆被发现的同时被带到了欧洲，又被引种到美国，回想一下它的美味，也就能理解它为什么能在短时间内遍布世界各地了。番茄的意大利语是"pomodoro"，词尾的"oro"是"如黄金和财宝般宝贵的东西"的意思。

日本最早提及番茄的文献是贝原益轩编纂的《大河本草》（1709年）。番茄在这部书中被称为"唐柿"。到了明治年间，番茄和卷心菜、胡萝卜一起作为外国舶来的蔬菜

番茄蛋羹

○ 对虾 秋葵 葛根粉加酱油调的芡汁

夏 番茄

黏滑的口感中带着酸味——这道菜让人再次认识到番茄和鸡蛋是一对永远的好搭档。在蛋羹中掺有对虾、切成丁的番茄，蛋羹蒸好后浇上用葛根粉和酱油调的芡汁，就可以趁热享用了。吃的时候别忘了用勺子。

开始逐渐用于食用。而战后日本的家庭饮食的西方化，又让番茄酱也一同普及了起来。

"如果想把番茄用到日本料理中去的话，可以效仿无花果的用法。无花果其实也是可以做成天妇罗或者清汤的。也就是说用不用番茄其实就是一个习惯的问题，只要充分理解番茄的种类和各自的特征，是可以把番茄用得非常巧妙的。这就是我研究后得出的结论。"

西塚厨师首先把甜点作为突破口。这款甜点名为"生番茄盖浇果冻"——把北海道、千叶、高知等地产的樱桃番茄汇聚于一碗之中的这道甜品，最近几年一直是"啐啄"的招牌菜，是紧接在五月的"蚕豆水羊羹"、六月的"青梅刨冰"之后亮相的又一款爽口怡人的夏日美食。

越是难以驾驭的食材，一旦找到了制服它的诀窍，就越能创造出让人耳目一新的美味。接下来这道菜就足以让人感受到西塚厨师大胆的挑战精神——让烤制的鲶鱼干和番茄奇迹般地结合到一起的"鲶鱼炖番茄"。

"这道菜用两种夏季的食材搭配而成。让人意外的是番茄和鲶鱼的味道其实非常般配。做这道菜用的是很浓的出汁，但即便这

酱烤番茄

◯ 亚麻籽油大酱

"把番茄用大酱给烤了。"——西塚厨师调皮地笑着说,"我也不由得笑了出来。原来番茄是可以这样用的。用平底锅把番茄的两面烤好,抹上拌了亚麻籽油的三州大酱(注:同八丁大酱,参见正文「牡蛎」章注释),从上方加热。浓香醇厚的风味让人不由得多喝几杯。

略带苦味,但同时香味浓郁、回味绵长的烤鲶鱼干和番茄的酸甜味道相互抗衡却又完美融合。一旦入口,明明是从未体验过的味道,却又让人拍手称奇,使人信服没有比这更为绝佳的搭配。仅从这一品,就能感受到西塚厨师对各种食材的洞察力。

夏天的番茄非常甜,而做菜用的番茄则果肉厚实,酸味和香味更浓一些。所以火候显得格外重要。比如酱烤番茄这道菜的特征样番茄的风味也并没有被削弱。只能说番茄真的是一种特征非常突出的食材。"

就是其对火候的高要求。

"做这道菜只需要在煎锅里放上油煎一下番茄,然后再抹上大酱,再从番茄的上方加热就可以了,是一道非常简单的菜。但是只要火候稍过,番茄就会被烤软烤化,味道也会大打折扣。而如果火候不够的话,番茄又会留下植物特有的生味——番茄比茄子还要难以掌握火候。"

如果只是生吃的话,也就用不着费这么多功夫了。但是为了能让番茄成为一道像模像样的日本料理,就需要厨师不拘一格的想

夏 — 番茄

生番茄盖浇果冻

◇ 无花果　琼脂　糖腌青紫苏

每到夏天，就会有客人专门为了吃这道甜品来到『啐啄』。把番茄用热水烫过去掉皮，泡在砂糖和柠檬汁中腌成甜味。浇在上面的果冻则是把用网眼滤碎的番茄用琼脂凝固起来做成的。若有若无的酸味让口中倍感清凉和舒心。

象力了。

"过去我曾经从前辈那里学到过这样一句话：食材没有三六九等之分。这句话我至今仍然铭记在心。认真对待每个季节的食材，找出它们的长处。这样，在做菜时就能够做到不拘一格地自由发挥了。"

当然番茄也不例外。

"不过如果只是抱着侥幸心理向番茄发起挑战，那难度就太高了。番茄就是这样一种具有巨大挑战性的食材。"

西塚厨师如是说。

章鱼

章鱼

八腕目。从靠近海岸的浅海到深海，从南极到北极，都是章鱼的栖息地。主要品种有生活在北方的北太平洋巨型章鱼，关东以西较多的真蛸、栗色蛸、短蛸等。日本捕捞章鱼的历史很长，在弥生时代（注：日本史的年代划分，大约从公元前三世纪中叶至公元三世纪中叶）的遗迹中就有捕捉章鱼用的「蛸壶」出土。章鱼最美味的季节被认为是在盛夏。但是除了初春的产卵期之外什么时候都能捕获到章鱼。梅雨季节肉质柔软的年幼章鱼被称为「稻草章鱼」，备受人们的珍爱。章鱼含有较多的蛋白质、矿物质、维生素B₂牛磺酸。

既有韧性，又有弹性，但一旦咬住却又能迎刃而解。章鱼仿佛一位在舌尖上自由幻化出各种口感的舞者。

热水烫章鱼

○ 黄瓜丝　带花的小黄瓜　青芥末　梅肉酱油

夏｜章鱼

章鱼肉富有韧性的口感让人乐在其中。为了让章鱼的口感更加凸显而采用的烹饪法就是用热水烫了。稍稍加热一下这个做法。热水的温度是七十度，把章鱼烫至稍稍发白即可。蘸上掺了梅肉的生酱油，就是一道淡雅的小菜。

　　夏日的傍晚，一边让凉凉的日本酒滋润着喉咙，一边伸出筷子夹起下酒用的煮章鱼。煮章鱼爽脆的口感使人开怀，让人忘掉了白天炙烤般的炎热。

　　日本人喜欢吃章鱼是出了名的。全世界章鱼捕捞量的六成都成了日本人的盘中餐，让人叹为观止。而品尝章鱼最好的季节莫过于夏季了。在春天的产卵期结束后，章鱼会再次变得肥美。如果错过了这样的大好时机，又怎么对得起日本人擅长吃章鱼这一自负？

　　俗话说"明石的章鱼站着走"——言下之意是明石出产的章鱼肉质紧密，"越嚼越有味道"。明石的章鱼全国闻名，早已成为章鱼的一大品牌。

　　"要论鲜美，非明石的章鱼莫属。不管是用开水涮还是炸成天妇罗，浓重的鲜味和略带甜味的香味都首屈一指。关东出产的章鱼相对较硬，因此东京周边更喜欢那种富有韧性的口感。关东和关西的章鱼可以说是大不相同。"

　　西塚厨师认为与其去争论哪儿的章鱼更好吃，倒不如在掌握各地章鱼特点的基础上，在做菜的过程中把它们各自的长处发挥出来。也

软煮章鱼

石川芋头　南瓜　碎柚子皮

"芋头、章鱼、南瓜"——据说这是关西的女性必然喜欢的三种食物。但让男性笑逐颜开的,同样也是这三样东西。石川芋头的黏性、南瓜的松软、章鱼的爽滑,三种截然不同的口感让这道菜吃起来饶有兴致。章鱼在使用前用米糠去掉黏液,并敲打使之柔软(左下图)。

正因为如此,西塚厨师的信条是:不是尽可能新鲜的章鱼,绝不让它出现在灶台上。"我这里无论如何都只进活章鱼。活章鱼真是非常顽强,既会咬人,也会缠在人手臂上,留下密密麻麻的吸盘痕迹。虽然处理起来费事但却绝对值得。如果章鱼没有那么鲜活,就用刀直取要害之后去除内脏,来力求保持章鱼的新鲜。否则随着时间流逝,内脏的臭味就会渗入鱼肉,就算用热水涮过,也不会再有韧性了。"

章鱼本身就足够鲜美。由于饱含海水的味道,其香甜显得更为突出。而且章鱼特有的富有弹性的口感也是独一无二。但是如果做得太硬,就算是失败了,而煮得太软的话则又没了嚼头——章鱼对于厨师来说,其实是很伤脑筋的食材。

"章鱼的黏液很难去掉,常用的方法是用盐或者米糠来搓。

章鱼饭

○ 姜丝

夏
章鱼

章鱼饭的美味让人着迷。米饭用个头较小的章鱼的头部煮出的出汁来煮,所以每粒米饭都浸透着章鱼的鲜美。再把章鱼的各个部分切成同样大小煮到饭里,这样每吃一口都能体验到不同的口感。这一巧妙的做法非常值得借鉴。

用米糠比用盐更为快捷,也不用担心盐分会渗进鱼肉,所以我选择米糠。接下来的工序就是要让章鱼变得柔软了。"

用萝卜敲打章鱼能让其更加柔软,这是过去流传下来的一项"秘技"。这个方法真的有效吗?

"这么做就有点屈萝卜了(笑),不用太把那种说法当回事。不过话说回来,想办法破坏掉章鱼肉里的纤维确实非常重要,这时候就要看厨师们'八仙过海'了。"

章鱼直接拿来煮的话,表皮会从身

烤章鱼

◇ 柠檬

有了这道菜,谁都会一杯接一杯地把啤酒喝个够。咬上一口,章鱼肉里满满的滋味便会一下迸发出来,连牙根都觉得酥软了。而吸盘的部分更是章鱼独一无二的美味。看准这个部分,用签子穿起章鱼脚,撒上一点点盐,用大火烘烤,再切成便于食用的大小。剩下的就是和啤酒一起享用这无上的美味了。

体剥离,影响美观。为了既让章鱼变软,又让表皮保持原样,西塚厨师采用的是"双层锅"这一做法。

这种一边给章鱼加压一边煮的方法具体是这样操作的:先在装满水的大锅里放上一口略小的锅,再把章鱼和少许酒以及红豆放进小锅。红豆能让章鱼柔软,同时能让章鱼的色泽更加鲜艳。把比小锅的直径更小的锅盖直接盖在章鱼上,并用湿布堵住缝隙,然后盖上大锅的锅盖。为了不让热气跑掉,还要在大锅的锅盖上放上重物固定,最后用大火加热一定时间。如果加上些碳酸来煮的话,就更能让章鱼异常柔软,

只是这样做会损害章鱼本来的风味。

"没有韧劲的章鱼毫无口感。我不喜欢把食物做得太软或者让食材失去了本身的味道,所以我会按照自己的标准来掌握火候。"

咬起来迎刃而解,嚼起来脆而有声,富有弹性,却又水分充足——一片小小的章鱼入口,就能让人应接不暇地体验到各种不同的口感。哪怕是一根章鱼脚,从根部到前端,再到吸盘,风味也是各不相同。再加上切法、厚薄、火工这些因素,变幻无穷的口感和味道正是章鱼最大的魅力所在。

而在关东和关西,厨师所肩负的任务也是

章鱼松前渍

○ 青芥末 黑芝麻

夏 章鱼

西塚厨师如数家珍的一道菜,在神奈川县横须贺市西部,是著名的渔港)产的章鱼脚用热水烫到发白,和切好的利尻(注:岛名,在北海道北面)海带、出汁用大量的酒、味淋、薄口酱油调配而成。海带出汁会浸润章鱼的皮,出汁一起腌上一整天。出汁用大量的酒、味淋、薄口酱油调配而成。海带出汁会浸润章鱼的皮,而里面的章鱼肉是生的。

不一样的。

"关东人喜欢嚼起来脆脆的感觉,所以这时就需要把本来就很硬的关东章鱼花上二十分钟煮个透。把章鱼煮得充分,反而会让章鱼原有的硬度变得更容易咀嚼,口感更好。而在关西,明石章鱼下锅煮的时间只有短短的四五分钟,火也是用若有若无的小火,之后就完全靠余热来加热了。"

看来哪怕只是章鱼的一小根触手,也绝不是能轻易对付得了的。

其实西塚厨师还有一样长年珍爱有加的章鱼菜——"章鱼松前渍"(注:松前为北海道地名,渍在日语中是泡菜以及腌菜的意思,松前渍是松前地区生产的把干鱿鱼、胡萝卜、海带切丝腌制而成的食物)。

"第一次看到这道菜是在二十年前。当时看到这么妙的做法,很是吃了一惊。"

这道菜所包含的智慧和技术,完美地解决了章鱼难以入味而又带有腥臭的问题。西塚厨师每年在章鱼最美味的季节都会无数次地重复这道菜,每做一次,都会想起那位逝去已久的老前辈。

不知道今夏的大海,又会为我们带来怎样的美味?

茄子

茄子

茄科茄属，原产于印度。有记录表明茄子最早传到日本是在八世纪。茄子在各地有其特有的品种：大个的京都加茂茄子、薄皮的大阪水茄子，关东一带是长椭圆形的（千成）茄子，东北有早熟的圆茄子、小茄子，九州和东北的太平洋一侧的长茄子等，都有很高的知名度。茄子经过大规模的品种改良，已经成为一年四季都有出产的食物，其生长的时令是在九月到十一月。

反射着盛夏刺眼的阳光，那艳丽的紫色让人不禁揉揉自己的眼睛。

暴腌茄子

襄荷　紫苏　姜丝　碎芝麻

夏　茄子

和正文中介绍的山形的开胃小菜有共通之处的一道美食。把茄子切成薄片之后马上放进盐水中，等到茄子收缩变软捞出来轻轻挤干。襄荷切成薄片，紫苏切成丝，姜切成极细的姜丝。用薄口酱油粗粗地拌一下，就能享受这道菜松脆的口感了。这道夏季小菜同样适合作下酒菜。

夏日的早晨，餐桌上的暴腌茄子让人眼睛为之一亮。紧绷绷的茄子皮放射出艳丽的色泽。从表皮深处透射出的茄子特有的发紫的深蓝色，因为太过美丽，茄子被直接拿来给这种颜色作了名字（注：日语中有"茄子绀"这种颜色）。

在温室大棚之外种植的茄子，蒂上的刺会更为锐利。这样的茄子一旦上市，也就宣告了夏季的来临。质地紧密的茄子会在这个时候向人们展示它那优雅的"茄子绀"。不过即使颜色一样，不同的水土也让茄子有了各种不同的大小和形状。

像圆球一样圆润饱满的圆茄子包括京都的加茂茄子、山形的民田茄子等；大阪泉州则盛产柔软硕大的水茄子。关东的茄子一般呈椭圆形，关西的茄子则更长一些。除此之外市面上还有只有小指大小的小茄子。不管哪种茄子，都具有当地特有的味道和口感。

"圆茄子中要数加茂茄子质地最坚挺，咬起来最劲道。油炸之后再煮也不会变得太

烤茄子铁皮果冻

◇ 芝麻酱 紫苏的小花

"铁皮是什么？"我不由得问。答案是河豚的皮。把冬季用河豚时剩下的皮晾干，等到夏天再用水发起来使用。听到这里我又为日本料理的博大精深赞叹不已。把铁皮纵向切开和烤茄子一起用琼脂封起来，其外观自然是相当雅致。浇在上面的调味汁的原料是二道出汁、薄口酱油和芝麻酱。

软。表皮柔软质地紧密的金泽崎浦的"紫蒂茄子"（注：因靠近茄子蒂的部分也呈紫色而得名）也适于煮食。初夏时用来腌制的是越谷（注：地名，位于琦玉县东南部）的小茄子。"

正因为各地都有自己特有的茄子品种，所以也产生了很多各地特有的茄子菜。比如京都乡土菜的鲱鱼茄子。鲱鱼茄子是用干鲱鱼和茄子煮出来的小菜。金泽的茄子素面，把素面泡在用煮软的茄子和出汁调成的汤里，让素面充分吸收两者的风味，吃起来清凉爽口，回味悠长。而最让山形出身的西塚厨师难以忘怀的是以一种以茄子为材料的开胃小菜。

"把茄子、黄瓜、蘘荷、紫苏叶、狮子青椒等夏季的时令蔬菜全都剁碎拌在一起，再用薄口酱油和七味粉调味就做

泡琉璃茄子

○ 小银鱼 青椒

夏 茄子

这道菜吃的无疑是琉璃色，也就是茄子的色彩。茄子用的是久世茄子。茄子在铁锅里加热的时候如果接触到空气，就会变色，所以要用大量的水来煮，并且用小于锅直径的盖子来盖住液面。成功的关键是迅速而均匀地加热。最后把茄子放在用薄口酱油、味淋调配的汤汁中，让茄子充分吸取汤汁的味道。

好了，是山形特有的乡土菜。既可以盖在米饭上吃，也可以当下酒菜。每家每户所用蔬菜的比例和调味的方法都会有些许不同，所以其味道也是千变万化。"

夏季的时令蔬菜茄子据说有泻火的功效。日本的俗语说"不要给老婆吃秋后摘的茄子"。其最可信的解释就是：应该体贴老婆，不让她因为吃了茄子而受了寒气伤到身体。另外日本的民间相信除夕晚上梦见富士山最为吉利，鹰次之，茄子排第三。之所以是这三样，有说法是把昂贵而珍稀的东西排列在一起，也有说法认为茄子意味着马到成功（注：日语中茄子和成功的成字同音），非常吉利。还有人认为这是把德川家康的老家骏河有名的三样东西排在了一起。日本人自古以来就随着季节的变化而享用茄子的历史由此可见一斑。而"茄子绀"也一并成为日本人倍感亲近的颜色。

茄子的美味来源于它的颜色。

"为了表现茄子的美味，其色泽非常重要。呈现出青金石般色彩的琉璃茄子（注：日语中的琉璃为青金石之意）需要用富含铁

炸煮加茂茄子 盖浇碎虾浓汤

◇ 四季豆 姜蓉

饱满多肉的加茂茄子和油是一对不错的搭档。把茄子炸好后用二道出汁煮是一种很传统的做法，但是把切成丁的虾肉做成芡汁浇在茄子上就是谁都能想得出的方法了。加茂茄子的风头丝毫没有被虾仁盖过。这道菜即使放凉了也非常好吃。

元素的铁锅来做。而把紫色的表皮削去，让茄子呈现出鲜艳绿色的翡翠茄子，则需要用铜锅来做。铜的成分会让茄子眼看着就脱去紫色。茄子对金属异常敏感。"

厨师们为茄子的颜色费尽了心思。为了让茄子的色泽更加鲜艳，使用明矾是一种很有效的手段，但这样会让茄子皮变硬。

"在做咸菜和煮菜的时候，为了让颜色更漂亮，也为了不让茄子的颜色染到别的食材上，我会事先准备好生锈的铁钉和金属的清洁球，把它们和茄子放在一起。但是茄子的火候很难掌握，加热过头的话茄子皮就会被煮化。如果事先在茄子上切开刀口，菜刀上的铁成分也会和茄子反应，同样会对色泽产生不好的影响。所以在做出好看的色泽的同时，注意不要加入多余的味道，加热也需要均匀。"

为了在加热时不让茄子皮破裂开来，据说有一种做法竟然是在皮上扎上很多针来固定茄子皮。为了不让茄子变色，不让茄子的颜色染进汤汁和别的食材，连用刀都需要小心谨慎。柔软的茄子的风味会因为刀工的高下完全判若两般。

"做烤茄子的时候应该在烤好后顺着纤

夏 茄子

清汤水茄子 烤葛粉夏鸭

◆ 芥末丝

这同样也是西塚厨师富有创意的一款。其新奇之处是把一般用来生吃的水茄子做成清汤。原来水茄子即使加热，也不会变得过于绵软。为了让茄子呈现鲜艳的绿色，茄子事先在铁锅中过一道热水。汤用的是用较多海带煮出来的头道出汁。

维的方向来切成较厚的长方形，这样就能充分感受茄子特有的口感。如果是加茂茄子，为了感受到它厚实的口感，需要把它横向从中间切开。即使把加茂茄子的纤维纵向切断后再煮，也不用担心会被煮烂。为了让味道完全渗进茄子，使茄子煮得更软，还可以在茄子表面切出呈螺旋状的细细的刀口，做成茶筅茄子。"

什么蔬菜都有自己独特的风味，可以煮出带有各自特有味道的出汁。而茄子煮出的出汁尤其醇厚。

"喝一口加了茄子的大酱汤就能知道，茄子的出汁有其独到之处。所以茄子和鲱鱼、干虾仁、海鳗等鲜味浓厚的食材很容易搭配。而茄子又是很容易吸味的蔬菜，所以只要选择能煮出鲜美出汁的食材和茄子搭配，茄子就更是如虎添翼了。"

可煮、可烤、可腌，还可凉拌——茄子可以算得上是一流的万能食材。

炎热夏日的傍晚，不坐下尝一尝烤茄子吗？在铁网上把茄子烤到表皮焦黑，一边喊烫一边用手指拨弄着剥去外皮，滴上几滴酱油，深深地抿上一口冰啤酒，烤茄子的极品美味会让你赞不绝口……

鲹鱼

鲹鱼

鲈形目鲹科鱼类的总称,较多指日本竹荚鱼,其特征是侧线靠近尾部处的坚硬鳞片"骨质棱鳞"。鲹鱼属于洄游鱼,分布于全世界较温暖的沿岸海域。在日本和沙丁鱼、鲭鱼同属重要的食用鱼。鲹鱼一年四季都能够捕捞,而春季到秋季之间的鲹鱼被视为最佳。常用的烹饪方法包括剁碎做菜,做成烤鱼或干鱼等。

天一热,便是享用鲹鱼的时候了。那飞溅的彩色水花,是青鱼生命力的象征。

关鲹生鱼片

○ 蘘荷　萝卜　胡萝卜　黄瓜

夏　鲹鱼

丰后水道产的关鲹的味道果然超凡脱俗。香而不腻的脂肪在口中蔓延，向人们传达的是夏日的清爽。把配在一旁的蘘荷、萝卜、胡萝卜、黄瓜分别卷上一大撮吃下去，就又能体验到关鲹别样的滋味。

　　美味这个词直接成了它的名字，这就是鲹鱼。历史学家新井白石在他所著的词源字典《东雅》里这样写道："鲹即味也，言其味美也。"

　　鲹鱼在《延喜式》和《和名抄》中也有记载，可见日本人和鲹鱼打交道的历史之悠久。毕竟鲹鱼是在近海就能够很容易捕捞得到的鱼种。仅日本近海就栖息有真鲹、黄带拟鲹、穆氏圆鲹等四十种以上的鲹鱼。日本国内每年的捕捞量就达二十到三十万吨。鲹鱼是餐桌上让人倍感亲近的老面孔，也是名副其实的"大众鱼"。

　　其实对于江户时代的老百姓来说，鲹鱼就已经是脍炙人口的美食了。鲹鱼在被运到河岸边的鱼市后，为了保持新鲜，鱼贩会等到太阳西斜之后再用扁担挑出去叫卖。鲹鱼在盛满大盆的水中有力地跳动，泛蓝的鳞片反射出耀眼的光芒，要想体验如此鲜活的鲹鱼的美味，那就非夏季莫属了。

　　"日本料理店用的差不多都是真鲹和黄带拟鲹这两种。但是黄带拟鲹现在已经成了极高级的食材，和大众化的真鲹不能同日而语。味道也大不一样。"

　　黄带拟鲹确实不论外形还是价格都绝非等

小袖寿司

白板海带（注：把用醋泡软的海带的表面刮去后，把剩下的芯的部分切成方块，称为白板海带）姜芽　用海带压出来的腌越瓜

这种寿司之所以被称为小袖，是因为它的横截面让人联想起袖子的形状。把解成三大块的鲹鱼撒上盐后放置一个半小时，之后用醋浸泡五分钟让鱼肉收紧，用海带夹起来，继续让鱼肉吸收水分，使海带的味道充分渗入鱼肉。鲹鱼肉下面放的细香葱也值得注目。

闲。黄带拟鲹中比较大的长度可达一米，肉质细腻、风味淡雅，拿来做寿司，最能体现它别具一格的美味。

但更让人感觉亲近的还是真鲹。不管是用盐烤出来的松软可口的烤真鲹，还是泛着焦黄的鱼干，抑或是炸得脆脆的金黄色的油炸鲹鱼、或者是带着鱼骨头一起吃的酸爽的南蛮泡菜，全都是日本人所熟知的家常菜。鲹鱼不但价格便宜，也容易剔除鱼骨，所以用起来非常方便。鲹鱼味道清淡，没有什么特殊的味道，所以不管是大人还是小孩都能享用。但是鲹鱼一旦到了厨师这样的专业人士的手上，就又大不一样

了。

"我经常采用的做法是把用盐腌过的生鱼片用黄瓜卷成筒状，或者用海带夹住生鱼片压上一晚之后做成寿司。有时也用较浓的醋腌过之后和夏天的时令蔬菜凉拌。不管是做生鱼片时装盘的方法还是菜的搭配，我都会尽量让料理有和家常菜截然不同的感觉。"

正因为是谁都熟悉的材料，专业的厨师才更要施展出浑身解数，靠材料的新鲜和菜肴的品质来征服顾客的心。

"最重要的还是材料是否新鲜。新鲜的鲹鱼眼睛澄清透明，过了一天就会变得浑浊。鱼

砧卷①

○ 黄瓜　胡萝卜　小蘘荷　姜醋　紫苏嫩芽

夏　鲹鱼

这道菜的特点是能为夏天带来凉爽的脆脆的口感。外侧是把黄瓜上转着切出来的薄片，用它把醋腌过的鲹鱼的生鱼片、胡萝卜卷起来。黄瓜那种植物特有的生味和富含脂肪的新鲜鲹鱼的配合恰到好处，是大人才能品尝得了的滋味。

的弹性、厚度、鱼身表面的色泽和反光……这些都要靠厨师本人的眼睛和手来判断。越是新鲜的鱼外观越是漂亮，虽然任何鱼都不例外，但鲹鱼腐坏的速度尤其迅速，时间一长鱼肉马上就会变软，身体里所含的脂肪也会被分解掉。"

鲹鱼的一大特征是鱼身的侧线上一列名为"棱鳞"的呈结构色的坚硬鳞片。新鲜鲹鱼的棱鳞用手摸起来会像刺一般尖锐。但鲹鱼肉却润泽厚实而柔软。用筷子轻轻拨开撒盐烤过的鱼肉，可以看到鱼肉呈现出淡淡的粉红色。鲹鱼之所以清淡而不肥腻，得益于它和别的背部

①用较薄的食材包裹鸡肉、虾肉、鱼肉而成的日本料理，因形似擂衣用的木槌而得名。

小鲹鱼南蛮泡菜

◇ 洋葱　红色和黄色的灯笼椒　朝天椒

把大片洋葱、灯笼椒放进热水里用极短的时间过一下后，放进用醋、薄口酱油、味淋、朝天椒调制的调味汁中浸泡，再放入炸过的小鲹鱼使之泡软吸味。为了不让鲹鱼吸收太多的酸味，西塚厨师会细心揣度从做好到客人品尝之间的时间间隔。

呈蓝色的鱼类，诸如沙丁鱼、鲭鱼相比，只有相对较小的洄游范围。

而并不洄游、固定栖息于一处的鲹鱼就更鲜美无比了。这种鲹鱼不会远离它出生长大的环境，而一直栖息在近海的礁石群中，也不作太大范围的移动，因此很容易蓄积起脂肪。这种鲹鱼的后背蓝光闪耀，腹部则呈现金色的光泽，颇有一副养尊处优的派头。

"在丰后水路一带捕捞的名贵品种关鲹就是一种大型的非洄游性的鲹鱼。关鲹的肥美可谓超群。为了让大家吃到原汁原味的关鲹，我总是把它切成厚厚的生鱼片让大家品尝。"

"对于鲹鱼这样背部呈蓝色的所谓'青鱼'来说，新鲜与否是最重要的因素。厨师要做的无非是买进最好的材料，再以最好的状态把它端到客人的面前。"西塚厨师这样说。可以说如果在日本料理店看到鲹鱼，那么那家料理店的厨师应该就是对自己的厨艺相当有自信，那儿的鲹鱼也应该是和平时常见的鱼干或者炸鲹鱼有天壤之别的美食了。这种时候断然不可把鲹鱼当成大众化的食材而藐然视之。

仿佛要和舌头交融在一起的柔顺的口感、诱人的香味、醇厚的味道——这夏日的美味，怎么能不让人用心去品味？

秋

梭子蟹
鲭鱼
三文鱼

芋头
蘑菇
芋茎

芋头

芋头

原产南亚。早在绳文时代（注：日本史的时代划分，从公元前十四五世纪至公元前十世纪）就先于稻作文化传入了日本，是象征子孙满堂的很吉利的食物。中秋节时吃的米粉团，就是过去用芋头祭拜月亮这一习俗的延伸。现在共有小而富有黏性的石川芋头、柔软的虾芋等两百以上的芋头品种，淡雅的味道中透出土地的芬芳，是初秋的大自然带给人们的祝福。

黏黏的口感，让人眷恋的土地的芬芳。秋天餐桌上来自山野的馈赠。

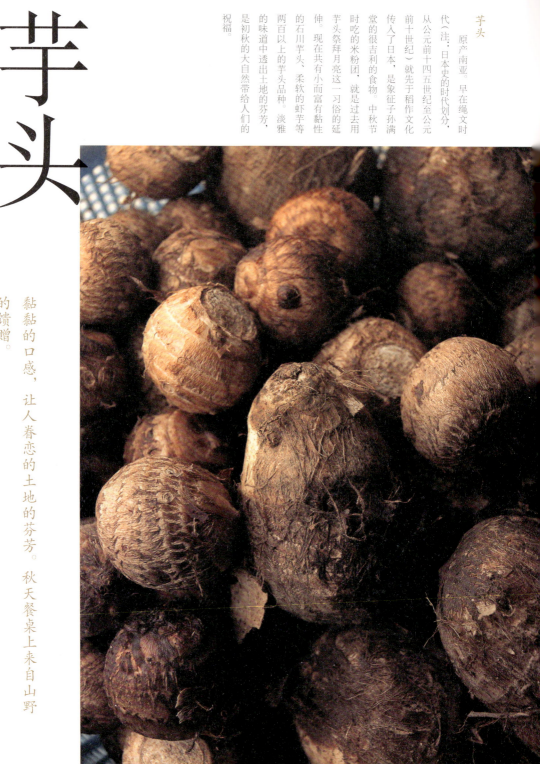

芋头海鳗双煮

○ 四季豆　柚子皮丝

秋｜芋头

秋天肥美的海鳗是一个幸运儿。因为它和芋头的邂逅，海鳗的美味又得以更上一层楼。芋头预先煮过之后再用从海鳗取的出汁煮好，加上煮好的烤海鳗、四季豆就可以了。海鳗回味悠长的风味浸透到芋头里，让碗中的芋头看起来也透着一股喜悦。

　　小时候不喜欢吃芋头，它黏在嘴里的感觉让人不快。可母亲总会理直气壮地教训我不许挑食。每到秋天，因为担心当天的晚饭会不会又是拌煮芋头，我总会忐忑不安地瞥上一眼餐桌。

　　可是一旦长大成人，我也开始为等候芋头上市而心焦了。当明月皎洁的八月十五到来的时候，我总会忙不迭地奔向蔬菜店。

　　黄昏，高高的天空上飘着卷云，走进蔬菜店，装满箩筐的是圆滚滚的大个芋头。芋头散发着泥土的味道，褐色的皮毛茸茸的，让见者忍俊不禁。大叔，给来一堆！提着沉甸甸的袋子，心里开始盘算该做什么。新上市的芋头，还是先做拌煮芋头吧。

　　但是一旦站到厨房里准备开始动手的时候，还真的有些紧张。因为煮芋头的火候太难掌握了。香喷喷、黏乎乎、热腾腾——要是什么时候都能做出这样的效果当然再理想不过。可实际做出来的煮芋头常常不是没入味就是硬得像石头，或者烂成一锅粥。想要把芋头煮得像模像样，还真不是一件简单的事。

芋头 虾肉山药丸子 二见扬

菊花叶子 煎出汁 朝天椒等调味料
用松针穿好的银杏果

之所以叫「二见扬」（注：「扬」在日语中是油炸的意思）这个名字，是因为这道菜同时炸了两种食材。较多地使用这种优雅的名字，也是日本料理的魅力之一。芋头预先煮过之后，和虾肉山药丸子一起炸至焦脆。蘸料是把味淋和酒混在一起煮沸后加上出汁调配的煎出汁，再在里面加上红萝卜蓉（注：在萝卜里插上朝天椒擦出来的萝卜蓉）。

"煮芋头其实还是要看品种的。石川芋和山形的大锅煮芋头用的芋头黏性非常强，所以可以充分利用这一点把芋头煮得黏一点。而早熟石川芋和虾芋就没有什么黏性，所以应该煮得松软一些。"

也就是说做得黏稠还是做得松软，都应该根据芋头的性质来决定。这一冷静的审视，正是专业厨师实力的体现。而像我这样的外行，一直以为不管做什么菜芋头都是要预先煮一下的。

"预先煮一下芋头，是为了让做出来的芋头口感比较松软，同时去除芋头的黏性和苦涩。如果是日本料理店做的菜，颜色也很重要，所以还兼具漂白的作用。煮的时候既可以用水，也可以用淘米水或者加点醋。但其实只要把芋头泡在水里，里面的黏性成分就会溶解到水里。去掉芋头里的黏性成分，就既能使芋头容易入味，又能让芋头富含的淀粉发挥出松软的口感了。"

西塚厨师顿了一顿，又这样说道："但是那种回味悠长的黏性，不正是只有芋头才有的特色吗？为了能让它的黏性保留下来，有一个好办法，就是在水里放点盐。这样就不会让芋头里的黏性成分跑掉了。如果把芋

毛豆泥拌芋头

◇ 毛豆

秋 芋头

像这样充满童趣的日本料理，能让见者为之动容。在这里充当中秋米粉团角色的芋头，看起来非常认真投入。用来拌蒸好后的芋头的，是煮软后用网眼过滤磨碎的毛豆。味道平和的芋头一旦碰到毛豆泥，便一下子有了光彩照人的感觉。

头用盐搓一搓再蒸，就能让芋头呈现富有韧性而黏牙的独特口感。"

我不禁茅塞顿开——煮芋头原来是用来控制芋头黏性的重要手段。

把食材分别煮过之后再配在一起，能让各种食材的风味更加直截了当地传达出来。所以面前这盘"芋头海鳗双煮"真是让人饶有兴趣。日本柚子的清香、烤海鳗的肉香就先把胃口吊了起来。放进嘴里的瞬间还感觉爽滑的芋头，一经咀嚼，马上变得富有黏性，而又柔软得好像要入口即化。而肥美海鳗汤汁的鲜美又同时在嘴里蔓延开来。品尝着这美味佳肴，仿佛聆听着秋天缓缓走过的脚步声。

"为了让芋头显得更白一些，我会用淘米水事先煮一下。之后把芋头浸在热水里洗干净，再把芋头移到相同温度的用海鳗煮出的汤汁里，最后再放些鲣鱼干调味。"

芋头清汤

◎ 芋头年糕　芋茎　蘑菇　合鸭　日本柚子

稳稳坐在清汤正中间的,是芋头年糕。这个黏乎乎、软绵绵的家伙拨弄起来甚是可爱,让人都有点不忍心吃。把芋头用盐搓过之后蒸好,用网眼滤碎后和糯米粉揉在一起,就成了芋头年糕。脆嫩的芋茎、合鸭的肉都和芋头年糕淡雅的味道相得益彰。

芋头如果在煮过之后放凉,表面就会变硬,并形成一层膜,口感变差。而且如果温度产生变化的话,会变得较难入味,芋头还可能裂开。另外煮芋头只能煮到八成熟。如果不在一开始就把芋头煮够火候的话,之后再怎么煮也没法让芋头入味了。在开始调味的阶段,要用小火慢慢地、静静地加热。换言之,芋头美味与否,完全取决于预处理的阶段。

"其实只要外层煮进了味道,拌煮芋头就已经足够好吃了。"

因为芋头本身就富有风味,所以即使不进行预处理,直接拿来煮也同样美味。而煮芋头首推山形的大锅煮芋头——西塚厨师介绍说。大锅煮芋头也是西塚厨师老家的乡土菜。

煮芋头是秋天的一道风景线。不管是民间的节庆、学校的运动会还是秋游,日本人总会跑到河边的空地大搞一场煮芋头大会。

"我小时候,用陶器的碎片刮芋头皮,洗芋头都是小孩的工作。但是因为量实在太多了,所以到最后已经厌烦得不行了(笑)。偶尔看到邻居家煮芋头的大锅,有的在锅里放油豆腐,有的用带甜味的出汁,有的仿佛是在做拌煮芋头，用酱油把一大锅做得一团漆黑……做法可以说是五花八门，有多少家就有多少种做法。"

看上去做法粗犷的煮芋头，每一锅其实也都有着各自不同的风味。

"煮芋头的时候，从盐的量和放盐的时机最能看出一个厨师的技术。"

煮芋头最关键的还是既不让黏性成分跑掉，也不让煮芋头的汤汁发浑。

"如果味道太咸这道菜当然也就没法吃了，但如果盐放得不够，芋头的黏性就会跑掉。"

散发着浓香的牛肉，富有弹性而滑溜的魔芋，再加上葱的清香、酱油的风味，今年刚刚收获的芋头正在大锅中酝酿着它的美味。再看看邻家的锅里，每家的煮芋头看起来都是那么美味。

煮着芋头的大锅不似那圆月高挂的夜空吗？——许六言。

让我们细细品尝芋头这位来自深山的使者为我们捎来的浓浓的秋意吧。

筑前煮

◇ 鸡肉　大蒜　牛蒡　胡萝卜　香菇　四季豆

模仿筑前的乡土菜"筑前煮"做出的这道菜，有一种充满暖意的风味。把芋头蒸好后和鸡肉、牛蒡、魔芋、胡萝卜、香菇一起用二道出汁煮到味透，再用酱油、酒、味淋调味。味道浓重的这道菜在家中一定会大受好评。

鲭鱼

鲭鱼

鲈形目鲭科，有白腹鲭、花腹鲭等品种。白腹鲭尤其美味。栖息于日本各地沿岸的浅海，产卵后为了越冬而开始在体内积蓄脂肪的秋天是鲭鱼最适于食用的季节。若狭的鲭鱼、丰后水道的关鲭、三浦半岛松轮地区出产的鲭鱼等都是非常有名的鲭鱼品种。但最重要的还是鱼本身的新鲜度。下面照片中右边是松轮产的鲭鱼，左边是关鲭。头部和身体之间的切口，是在鱼钓起来以后马上用刀切断鱼的脊髓留下的痕迹。

一切取决于鱼的新鲜度和盐的分量。让我们享用秋天肥美的鲭鱼这一转瞬即逝的豪奢吧。

鲭鱼生寿司

秋 鲭鱼

食用菊花 青芥末 紫苏的小花

吃鲭鱼当然要先吃生寿司。在各种以鲭鱼为材料的菜中，最接近生食、最看重鲭鱼新鲜程度的便是这道生寿司了。西塚厨师选用的是松轮和若狭等地产的肉质紧密而肥美的高级鲭鱼。掌握得恰到好处的盐的分量，也是这道菜值得细细品味的地方。

日语中有"鲭日和"（注：日和有适合做某事的天气的意思，意即适合捕捞鲭鱼的天气）的说法，特指海上波涛汹涌、天空阴云笼罩的阴天。一直等候的渔船会在这个时候为了一场大丰收乘风破浪而去。而直到今天，秋天大海中最为耀眼的蓝色，仍然是鲭鱼那闪闪的鳞片。

鲭鱼是日本人餐桌上的常客。除了烤着吃煮着吃，日本人最熟悉的仍旧是大酱煮鲭鱼。为了下饭而调制出的浓郁味道和鲭鱼的搭配可谓完美。秋天捕捞的肥美鲭鱼，是一种和秋刀鱼、沙丁鱼有共通之处的大众化的美食，而这也正是鲭鱼的魅力所在。

但是西　厨师却有不同的看法。

"在我眼里鲭鱼可是高档鱼。入秋之后有那么一段时间，鲭鱼会越来越好吃。如果这段时间里有上好的鲭鱼入手的话，我会马上把它用醋浸一浸之后做成鲭鱼寿司，或者把它烤着吃。这时的鲭鱼是餐桌上不折不扣的主角。话说回来，上好的鲭鱼其实也很贵。"

鲭鱼寿司

不同的料理店做出的鲭鱼寿司各有各的特点。"咋哚"的做法是把鲭鱼撒盐放置两到四个小时之后,把鲭鱼浸泡在放置过一段时间而酸性减弱的醋里。煮醋饭时用的是海带出汁。鱼肉的口感柔软,咬起来毫不费力。轻轻咬上一口,寿司里的有马(注:地名,在兵库县神户市北区,因温泉而闻名)花椒和芝麻的香味就会扑面而来。

　　鲭鱼作为美食的价值其实是多方面的。用酱油调味的甜辣可口的炖菜和油炸出来的鲭鱼,都是名副其实的下饭菜。但这些做法其实都是因为过去新鲜的鲭鱼比较稀有才应运而生的。

　　鲭鱼很容易坏掉。鱼肉中含量较多的氨基酸是组氨酸,在酶的作用下很快就会变化成组胺,不但会变得腥臭,还会引起过敏和荨麻疹。内脏中所含的强有力的消化酶也会使分解加速,整条鱼腐败的速度也会因此变得更快。换而言之,鲭鱼料理大多口味浓重,是和它容易腐坏分不开的。

　　"但是时至今日,不管是运输方法还是储藏技术都有了很大的进步,新鲜的鲭鱼越来越常见了。"

　　最适合做成鲭鱼寿司的是三浦半岛松轮地区的非洄游性的鲭鱼,味道鲜美而富含脂肪。如果要做生鱼片,就应该用丰后水路产的关鲭。关鲭有一套特殊的处理方法:在钓上来之后会先保存在冰水中,然后在船上用破坏脊髓的方法来使鱼的神经麻痹。因为关鲭还会经过放血的处理,所以关鲭没有一点

利久烧

○ 姜芽　山药豆

真是一道豪华的美食——我不由得这样赞叹不已。每吃一口都能让人激动不已。把分解成三部分的鲭鱼浸在酱油、酒、味淋、成的调味汁（注：日语称这种调味汁为『幽庵地』，幽庵为人名，地是底料、调料的意思）中，然后一边浅浅芝麻酱一边烤至松软。在烤的过程中，鲭鱼所含的脂肪会适当溶解出来，鱼的鲜美更为浓缩，风味也更佳。

儿腥臭味，简直到了令人吃惊的程度。若狭地区的鲭鱼肉质柔软，口感润泽高雅。除此之外还有土佐清水（注：地名，位于高知县西南部）的清水鲭、屋久岛（注：岛名，位于鹿儿岛县南部）的断头鲭（注：当地的鲭鱼在捕捞上来之后会拧断脖子放血以保持新鲜，故而得名）、石卷（注：地名，位于宫城县东部）附近的金华鲭、三陆（注：指从青森县东南部至宫城县东部的海岸）出产的鲭鱼等。最近韩国济州岛出产的鲭鱼很多也是风味浓厚。产地不同味道也是各有千秋。在用鲭鱼做菜时，细致地把握各自的特征，扬长避短可以说至关重要。

让我们先来看看这道用松轮鲭鱼做的鲭鱼寿司。撒上

酱油煮鲭鱼

看起来很咸的一道菜,吃起来却相当清淡。把较小的鲭鱼切成段,用特意从名古屋酿造大酱的地方进的纯大豆酱油来煮。纯大豆酱油柔和的口味和鲭鱼的鲜美一拍即合,给人留下鲜明的印象。酱油巧妙的用法也是这道菜值得借鉴的地方。

盐后用海带包好放上一夜的鱼肉泛着淡淡的粉红色,光彩照人。稍稍蘸上一点酱油放入口中,鱼肉中浓缩的美味和鱼肉的重量感接踵而至,让人心中为之一惊。鱼肉中经过加工而熟透的脂肪紧接着簇拥上来,嘴里顿时充满脂肪的香味。那种口颊留香的感觉让人兴奋,使人微醉。这样的鲭鱼,有一种让人心跳不已的强劲的冲击力。

再来看看这道"利久烧"(注:日本料理习惯把使用芝麻的菜冠以利久二字,源自安土桃山时代的茶道家千利休喜欢用芝麻做菜这一说法。日语中利休和利久同音,为避讳而写作利久。烧是烤的意思,意即用了较多芝麻的烤鲭鱼)。为了和芝麻圆润的口味相匹配,西塚厨师选择的是脂肪含量较少的三陆产的鲭鱼。选择哪种鲭鱼作材料竟然有如此细微的讲究,真让人眼界大开。

"每条鲭鱼都会有多少不同,所以必须在入刀的瞬间就分辨出鱼的新鲜程度和脂肪成分的多寡。只有多切、多吃,反复积累经验,才能准确地判断每条鲭鱼所需盐的分量和放盐的时机。"

炸鲭鱼盖浇藕蓉

青椒 姜蓉

秋｜鲭鱼

油炸鲭鱼的美味一发便不可收拾。把撒了少许盐的鲭鱼炸好放在碗里，浇上磨碎的莲藕和出汁。略带甜味的莲藕出汁包裹着鲭鱼，让人吃起来感觉大为满足。一碗之中盛满了各种细腻的技巧，让人在饮食间处处感觉到季节的存在。

而判断的标准，则要看入刀时油脂附着在菜刀上的情况。无论多上乘的鲭鱼，一旦对脂肪成分的多寡判断失误，盐分的控制就会出现偏差。如果给脂肪较少的鲭鱼太多的盐分，鱼肉就会变得干瘪而粗糙。

过去从若狭湾到京都的道路被通称为"鲭鱼之路（鲭街道）"。在若狭湾捕捞的鲭鱼会马上被拌上盐，然后连夜运往京都。运到的时候，鲭鱼也正好被腌得恰到好处了。

"不管是用盐腌，还是用海带包裹，成功与否都完全取决于时间的长短。所以做鲭鱼我从来都是亲自动手，决不会交给别人。"

背上闪耀着蓝色光晕的鲭鱼，它的美味稍纵即逝。只有能够止住它的脚步，把它牢牢制服的人，才能一窥它美艳的身姿。

蘑菇

蘑菇

大多数蘑菇都是被分类于子囊菌门或担子菌门的菌类。用来食用的是蘑菇的子实体。除了有伞形和杆状的蘑菇外,还有球形等其他形状。蘑菇热量很低,富含食物纤维、维生素、矿物质。日本野生的五千种蘑菇中,已知可以食用的大约一百种。虽然蘑菇被看作是秋天的美食,但其实在夏天和初秋也能收获。蘑菇的人工种植规模巨大,一年四季都有上市。仅有松茸的人工种植一直到现在也没有获得成功。

钻呀钻,蘑菇慢慢地探出了头。落叶下,是一场热闹无比的蘑菇们的运动会。

蒸松茸

秋 蘑菇

○ 马头鱼　菠菜　日本柚子

松茸只是一味拿来烤也就没有意思了。西塚厨师用松茸进行大胆尝试的成果，就是这道菜了。在海带上放上松茸、撒了少许盐的马头鱼，再盖上日本柚子，然后用出汁和酒蒸。松茸的风味堪称华贵，同时马头鱼也把松茸的香味吸了个够。连汤里都浸满了秋天的气息。

　　被夜晚的露水润湿的落叶层层叠叠地铺在地面上，秋意渐浓，脖子开始感觉到秋天的凉意，这时提着篮子步入山中，在落叶丛中用手指一阵摸索……噢，手指好像触到了什么——是蘑菇！到了秋天，蘑菇便会从山野的这里那里轻轻地探出头来，高高兴兴地聊天。

　　当脑海中浮现出这样一幅景象的时候，心里便会忍不住一阵向往。无暇去体验一下采蘑菇的雅致，着实让人懊恼。要知道，只有在那么短短的一段时间里，才能邂逅蘑菇这样的美食。

　　"即便是野生的蘑菇，如果采的时候下着雨，蘑菇的味道和新鲜程度就都会大打折扣。"

　　蘑菇真的是异常纤弱。

　　"蘑菇一旦被打湿，味道和香气眼看着就会走下坡路。不管现在的交通运输如何发达，还是很难把采到的蘑菇立即运走。所以拿到手的时候，蘑菇往往已经不是最佳的状态了。"

　　越是知道蘑菇刚刚采下时的芳香、美味

凉拌本占地菇

炸面筋　柿子　小对虾　银杏果

一道看起来十分沉静但却能勾起人欲望的美味佳肴。在白色基调中浮现出来的是柿子的橙色、小对虾的红色、银杏的翡翠色、本占地菇的黑色。口感也是弹性、韧性、黏性互相交织，每吃一口都能带给人不一样的体验。吃着这道菜就仿佛是在聆听大自然的细语。

不易保存，就越能体会到让这个诞生于山野的天真烂漫的精灵物尽其用是多么难。

蘑菇是从树木和土壤中的有机物中摄取营养而成长的菌类。仅野生蘑菇的种类就有四千种到五千种。其颜色、形状、成长的方式也是多种多样。既有一朵一朵单独生长的，也有好几朵簇拥在一起的，还有在一定范围内散开成群生长的。各个地方还有一些特殊的叫法，味道、口感、做法也是多种多样。一旦着迷上了蘑菇，也就走上了一条不归路。

最值得一提的，还是各种蘑菇迥异的特征。比如栗茸（亚砖红垂幕菇）就物如其名，像栗子一样小巧，圆滚滚的甚是可爱。而舞茸（灰树花）则生长在树的周围，其姿态仿佛是在华丽地起舞。表面粗糙黝黑的老茸（白黑拟牛肝多孔菌）又被称为"黑皮"，略带苦涩的味道让无数食客欲罢不能。香茸（香肉齿菌）全身长满黑色的突起，过去在山区每逢有喜事，人们总会把香茸做成香甜的菜肴以示庆贺……对蘑菇了解得越多，对它的感情也就越深。

蘑菇的种类虽然数不胜数，但可供食用

舞茸丸子汤

◇ 碎柚子皮　鸡肉丸子　腐竹

秋｜蘑菇

这道菜让人慨叹原来舞茸可以如此胜任主角。鸡肉丸子是用菜刀拍碎的舞茸和鸡肉捏成，因而口味粗犷，充满野趣。饱蘸了鸡汤的舞茸富有光泽、艳丽照人。舞茸很容易发黑，所以需要留意不让火候过头。

的仅有一百多种。也就是说可以用来一饱口福的蘑菇其实并不是很多。而这些可以食用的蘑菇又可以区分为天然和人工种植这两种。天然蘑菇包括松茸、本占地菇（玉蕈离褶伞）、香茸、平菇、栗茸、老茸等。人工种植的蘑菇包括滑子蘑、舞茸、金针菇、香菇、蟹味菇等。人工种植的蘑菇因为所用木材的质地和品种不同，味道也会有所不同。

"不同品种的蘑菇的味道、香气的大小浓淡也各不相同。而天然蘑菇和人工种植就更是判若两物了。譬如天然的滑子蘑即使不

用出汁也能做出很棒的味道。刚刚采摘的新鲜占地菇和舞茸也根本不会让人想到去用出汁。做菜的时候大家一般都会把蘑菇当成配料，这未免太屈才了，完全可以让蘑菇更多地充当主角。"

但是用蘑菇做菜是一门细活。如果火候不到，就不能去掉菌类特有的臭味。相反如果把蘑菇煮到香味弥漫还要继续加热的话，蘑菇就又会变臭，特有的口感也会丧失殆尽。另外做菜之前的预处理同样需要小心谨慎。天然蘑菇会附着有腐殖质和脏东西，如果是

萝卜蓉滑子蘑汤

◇ 黑七味粉

用头道出汁把滑子菇稍煮过做成的口味清淡的滑子蘑汤。蘑菇又滑又嫩，能让人在一碗之中品尝到各种不同的口感。而大量的萝卜蓉更是让汤的口感锦上添花。山形的乡土菜果然博大精深，而辛辣的黑七味粉也成了整碗汤极好的点缀。

含黏液的蘑菇，需要用较稀的食盐水洗净。在处理松茸一类的蘑菇时，为了不让它们吸收多余的水分，应该放在手掌上用竹刷或者棉纱细心地打扫干净。如果处理不当，蘑菇那源自山林的芳香转瞬之间就会逃得一干二净。

一般认为蘑菇之中最为美味的应该非松茸莫属。但是西塚厨师却对此颇感疑问。

"松茸的魅力在于它的清淡还有高雅……怎么说呢，松茸没有什么杂味，是一种很纯粹的味道，美味之中蕴含着一种不易表达的气质。也正因为如此，松茸的单价极其昂贵，哪怕只订上一朵，商家也会优先送货上门，所以入手时的状态也总是顶级水平。虽说松茸早已坐定高级食材的交椅，但如果太过执着于松茸的话，也就会忽视其他蘑菇的价值。"

西塚厨师店里用的是从气仙沼（注：地名，位于宫城县东北端）运来的松茸。在没有货源的时候，西塚厨师也不会特意去采购进口松茸。因为他认为，只要在质量上乘的松茸入手的时候，让客人尽情享用松茸的美味，也就足够了。诱人的蘑菇并不只有松茸。

"香茸在我小的时候还是很平常的食物。

香茸蒸饭

○ 油豆腐　胡萝卜

秋 蘑菇

香茸对于某些人来说甚至要胜过松茸。香茸的黑色让人联想起松露，它那充满乡土气息的香味在餐桌上酝酿出渐浓的秋意。用切成丁的胡萝卜、油豆腐、晾干之后重新发好的香茸和糯米一起蒸出的这道蒸饭怎么能不让人觉得奢侈呢？

和它的名字正相反，香茸并没有什么很浓的香气，也煮不出什么鲜味很重的出汁。但是一到每年食用香茸的季节，我就会不由自主地想拿它来做米饭，或者用酱油把它炖得甜辣可口。用水发好的干香茸也是别有风味。"

人工种植的普及使蘑菇成了一年四季都能享用的美食。这虽然给人们提供了便利，但同时也使季节的交替不再给人们带来更多的感动，各种食材原有的时令性也不再被人珍视了。但是我们心中的风景却永远不会磨灭——落叶下、树干上、土壤中，蘑菇们正在调皮地探出它们的头……

蘑菇也许就是能让我们的生活和季节再次联系到一起的一条纽带吧。

梭子蟹

梭子蟹

梭子蟹科梭子蟹属，分布在青森以南的日本、韩国、中国的沿岸海域。梭子蟹之所以又被称为渡蟹，是因为它擅长游泳，能移动很远的距离。梭子蟹夏季栖息在靠近海岸的浅海，冬季则生活在远离海岸的深海之中。梭子蟹蟹脚中的肉较少，所以主要食用胸部（蟹脚和身体相连的部分）的肉。从春天到初夏，雌蟹的卵巢饱满，是品尝蟹黄的最佳时节。秋天则应该食用交尾之后肥美的雄蟹，到了冬季则又是雌蟹美味的季节。

美得仿佛梦境般的优雅。梭子蟹从海中为我们带来的，是又一个秋天的起始。

蟹肉山药丸子汤

○ 本占地菇 茼蒿 日本柚子

秋 | 梭子蟹

梭子蟹超凡脱俗的美味让人不由得肃然起敬。山药丸子是把蟹脚根部的肉蒸熟后捣碎，再加上蟹黄、蟹卵、山药、精粉做成的。汤多用海带的头道出汁，再加上本占地菇、茼蒿，是在全套怀石料理中足以充当主角的一道菜。

月夜的螃蟹身上没有什么肉。

这是自古以来流传很广的一种说法。因为螃蟹害怕月光，不会在月夜进食，于是便逐渐瘦弱下去。这句话想说的大概是螃蟹如何胆小了。暂且不论这句话的真伪，盔甲般坚硬的蟹壳内侧所包裹的，却是柔软而饱满的蟹肉。只要在脑海中想象一下这一巨大的反差，无论是谁大概都会为之心动、莫名感动吧。

到了秋天，螃蟹的美味会达到一个顶点。

九月的首选是梭子蟹，进入十月则是毛蟹，再往后是被称为香箱螃、松叶螃的雪蟹。在日本各地的近海，大量的螃蟹仿佛是在宣示自己是如何美味，在海中摩肩接踵、蠢蠢欲动。而其中最让西塚厨师倾倒的，就是梭子蟹。

"梭子蟹又被称为渡蟹或者蝤蛑，属于味道比较清淡的螃蟹。梭子蟹的价值也就在于它那种并不过于张扬的雅致的风味。那种异常细腻的味道正是梭子蟹最大的特点。考虑到新鲜的问题，我在筑地（注：地名。位

梭子蟹锦纸卷

○ 黄瓜 姜丝 石耳 紫苏的小花 姜醋

在螃蟹上市的季节,西塚厨师每天的工作都是从挤蟹肉开始的。这道菜也是异常精细的手工的成果。把蟹脚、蟹钳部分的肉小心揉碎,再和黄瓜一起用烤好的蛋皮卷起来。最后配上姜丝,浇上姜醋,吃起来清爽可口。

于东京都中央区,是有名的海产品集散地)一般买的都是千叶产的梭子蟹。而关西有名的是冈山产的梭子蟹。但不管哪儿的螃蟹,鲜活与否才是最最重要的。"

无论什么螃蟹,其味道都取决于保存状态和运输方法的优劣。稍有闪失,螃蟹就会马上出现臭味,蟹肉也不再饱满。

"虽然从外观上看不出来,但只要拿在手里马上就能明白了。不新鲜的螃蟹拿在手里会感觉轻飘飘的,很容易判断。此外有时哪怕只是稍稍摸一下不新鲜的螃蟹,皮肤都

会发炎。"

各种螃蟹中雪蟹尤其纤弱。雪蟹一旦落网,哪怕是放在海里养着,也不会再吃任何东西,眼看着就瘦弱下去了。月夜螃蟹的说法看来也并不是空穴来风。以香箱蟹为代表的福井产的螃蟹之所以格外好吃,据说是因为当地捕蟹的渔船都比较小,不能在远洋停泊,所以会在捕到螃蟹后赶在破晓时分回到渔港,这就无形中保证了螃蟹的新鲜。听到这里,我不禁恍然大悟:隐藏在螃蟹如岩石般坚固的盔甲下的,是从这身盔甲上所无法

梭子蟹鳖甲渍

○ 薯蓣 小白菜

味道绝佳的小菜。香浓黏牙的美味把人的味觉玩弄于鼓掌之间，让人不能有再多的言语。把带壳的活螃蟹泡在用大酱和酒调成的「幽庵地」中腌上一个星期，变得半透明的蟹肉异常黏滑，俨然是梭子蟹美味的结晶。鳖甲渍正如其名，是有着和玳瑁一样光泽的奇珍异食。配的蔬菜是薯蓣和小白菜。

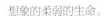

想象的柔弱的生命。

从秋季到冬季，西塚厨师每天的工作都是从螃蟹的准备工作开始的。而最早为人们带来秋季消息的，正是梭子蟹。

"首先要做的是蒸好螃蟹后把蟹肉掏出来。掏之前的准备工作是最费事的。先要取出蟹黄，然后取出蟹卵，最后切下蟹脚。蟹脚里的肉要用木杵挤出来。蒸过之后掏蟹肉的时候，要注意不能损伤螃蟹的皮膜，同时注意不能让蟹肉之外的东西混进来。在吃螃蟹的季节，这是每天必然会重复的工作。"

更为至关重要的是在此之后：这质量上乘而新鲜的梭子蟹应该做成怎样的美味佳肴呢？这需要根据部位而定。

"就梭子蟹而论，除去蟹钳之外的蟹脚的根部是最好吃的。虽

然蟹脚纤细，没有什么肉，但是根部的肉却饱满致密。"

所以需要在不损伤这个部位的情况下小心谨慎地把蟹肉掏出来。如果包裹着蟹肉的薄皮混进来的话，颜色会红黑混杂，影响到蟹肉的质感，同时也会掺上杂味。

蟹肉山药丸子是西塚厨师的拿手好菜之一。

"为了充分利用梭子蟹蟹肉异乎寻常的柔软和在口中融散开去的口感，每年一到这个季节，我都会不由自主地想到去用蒸好的蟹肉和上山药泥来做这道蟹肉丸子。"

刚才还像云彩一样漂浮在汤汁中的丸子在嘴里分崩离析，随后伴随着梭子蟹的鲜美融化开来。"此时无声胜有声"原来指的就是这样的瞬间。在这样一个初秋，刚刚接受秋天馈赠的我，久久地沉醉在这无比明晰的幸福之中。

正因为如此，人们在吃螃蟹的时候才会变得寡言少语吧。当所有人都在聚精会神地剥着面前的烤螃蟹、蒸螃蟹的时候，餐桌上自然会是一片寂静。而在吃到富有黏性而透

小芜菁蟹肉盖浇芡汁

鸭儿芹的芯　木耳　姜蓉

这一碗之中汇聚了揉碎的蟹肉、木耳、鸭儿芹和蒸得松软的小芜菁，两种不同的香甜酝酿出一种相互交叠的美味。浇在上面的芡汁，是把八方出汁勾芡调制而成。一边用嘴吹一边享用，除了美味，带给人的还有浓浓的暖意。

蟹肉汤饭

○ 鸭儿芹 打好的蛋液

好豪奢的汤饭!从毫不吝惜地把蟹肉加进去的那个瞬间起,就已经胜券在握了。那浓浓的鲜味,明明是汤饭,味道却高雅脱俗。吃起来轻松,又容易饱肚子。米饭和蟹肉用二道出汁煮到十分松软,最后再浇上打好的蛋液。

明的蟹肉的鳖甲渍(注:一种腌制的方法。把鱼、肉等用酱油、味淋腌至透明,因色泽类似琥珀而得名)时,你会怀疑自己的舌头是不是也要一起融化在嘴里了。螃蟹的鲜美,有一种仿佛要把你悄悄地带离现在所在的地方,去往某个未知的世界的,要超越某条不可逾越底线的魅力。

让这种魅力更为明晰的是几样小小的法宝。生姜就是其中之一。

"除了'天生一对',我想不到别的词来形容螃蟹和生姜的关系了。不管是姜丝、姜蓉还是姜汁,只要给螃蟹配上生姜,螃蟹的鲜美一下子就会被拔高很多。因为梭子蟹的风味比较清淡,所以除了生姜之外我基本上不会用什么别的很冲的佐料。"

其实这两样在中餐里也是永远的搭档。凉性的螃蟹和暖性的生姜——人的味觉和药膳的原理原来也是不谋而合的。

梭子蟹的风味清淡而平易,因此西塚厨师也会把蒸好的蟹肉和提前上市的菠菜以及水菜放到一起。梭子蟹之所以又被称为渡蟹,一定是因为它总会陪伴人们度过一个又一个的秋冬。

三文鱼

三文鱼

鲑形目鲑科。除了三文鱼之外，红大马哈鱼、银大马哈鱼、细鳞大马哈鱼等相近的品种也被统称为三文鱼。三文鱼在河流产卵，鱼苗则顺流而下扩散到包括日本近海、北冰洋、北太平洋在内的广阔海域。在海中生活三到五年后，三文鱼会在秋天回到自己出生的河流产卵。因此秋天是享用三文鱼的最佳季节。而在五到七月间游至近海的不合时令的三文鱼的美味也是毫不逊色。

从大海回到自己出生的河流。让我们怀着一分崇敬，接受这逆流而上的生命力。

杉木板烤三文鱼

松茸　白茎大葱　姜芽

用杉木板烧烤是日本料理中很古老的做法。杉木板烧烤本来是用较厚的杉木板夹住食物以后半蒸半烤的烹饪法。这道菜用的则是较薄的杉木片。把三文鱼连皮切成段，用「幽庵地」浸泡之后用签子串起来烤。最后把用火烤过的杉木片包在三文鱼上，让杉木的香味渗透到三文鱼中。这道菜所采用的手法可谓精致。再配上松茸、烤过的白茎大葱、日本柚子，俨然是秋日美食的博览会。

在溯河洄游的三文鱼较多的年份，到了第二年森林会生长得更加繁茂。这是因为准备越冬的熊会吃掉大量的三文鱼，并最终把三文鱼的养分带给森林，森林因而长得更加茂密。这就是大自然运行的规律。

当秋天到来，迄今为止在远洋游弋了三到五年的三文鱼会朝着自己出生的河流一齐开始洄游。而在人类漫长的历史中，人们会在这个时候临阵以待，忙不迭地接受这自然的馈赠，把它作为赖以生存的食粮。特别是北海道等地的原住民阿衣努族更是把三文鱼奉若神灵，把三文鱼称为"神之鱼"。仅取自己所需的分量而决不过度捕捞，捕捉到的鱼一定要吃得干干净净，不能有一丝浪费。对于日本人来说，三文鱼长久以来一直是赖以生存的手段，同时也是需要敬畏的对象。

厨师们更是摩拳擦掌，等待着三文鱼的到来。

"一直到九月底，三文鱼都会保持富含脂肪的状态，所以最适合烤着吃。这时的三文鱼肉质细腻圆润，非常好吃。一般都取鱼身的前半段直接拿来烤。初秋时我会把红大马哈鱼和

三文鱼炖杂粮与秋季蔬菜

◎ 小米　日本樱子　芋头
　　莲藕　蘑菇　小芜菁

在直径不过十厘米的砂锅里，各种食材被炖得非常黏稠。先在出汁中放进带皮的三文鱼、秋季野菜，再把蒸好的杂粮捣开后加进去，用极小的火来炖。大酱则是白色大酱、仙台大酱、三州大酱这三种大酱的混合物。味道则是别有风味的大酱味。不管谁都会一边忍着烫一边沉迷在这美味中。

芜菁用酒曲凉拌起来。有时也会把放了盐的红大马哈鱼用酒曲做成腌肉。既容易保存，也可以让鱼体内的盐分渗出来，使鱼肉的风味更为醇厚。入秋以后随着时间的推移，鱼肉中的脂肪会逐渐减少，这时我会把它做成汤或者煮好后和别的材料拼成一碗菜，有时也会配上炸土豆，然后浇上用酱油、味淋调制的调味汁。"

为了产卵而洄游到近海时的三文鱼最为美味。随着季节的推移和所处环境的变化，它的味道会时刻发生变化。

"据说三文鱼每溯河洄游一百米，价格就会相应下滑。而随着鱼的成长，其面容和体格也都会发生变化。洄游到河流之后的雄性三文鱼的下颚会发育得愈显威武，其变化一目了然。"

如果想品尝鱼肉的鲜美，应该选择在洄游过程中比较早的阶段捕捉到的雄性三文鱼。而雌性三文鱼应该选择鱼卵日渐成熟饱满的时间食用。从雌性三文鱼的肚子中散落出来的鱼卵，圆鼓鼓、亮晶晶，宛如闪耀着的红色宝石。而被称为"筋子"的食物，则是用还未完全成熟的鱼卵连着卵巢一起用盐腌制而成的。三文鱼子酱则是把鱼卵从成熟的卵巢中取出之后，在一粒一粒完全分离的状态下用盐腌制出来的。如果鱼卵过于成熟，卵膜会变得坚硬，所以瞅准秋天将要过去的时机，把鱼卵加工成三文鱼子酱，也是每年一项十分重要的工作。

酒曲凉拌红大马哈鱼小芜菁

○三文鱼子酱

这道菜的着眼点是酒曲和三文鱼这一绝佳的搭配。在富含脂肪的三文鱼的背部撒上盐后切成丁。再和用盐搓过的小芜菁一起用酒曲拌好,就成了一道风味醇厚的小菜。如果三文鱼的盐分太多,西塚厨师建议可以把三文鱼拌在酒糟里放上一晚来适当去除盐分。

"为了让三文鱼的鱼肉更加柔软,盐的用法是有诀窍的。在清洗鱼肉时应该用浓度为百分之三的盐水。用清水的话会使鱼皮发硬。洗完之后用稍热的水调成盐水,把三文鱼反复浸泡,并不断更换盐水来去掉三文鱼的腥味。这道工序完成后用水擦拭干净,开始调味。如果用酱油腌的话,可以把二道出汁、煮沸的酒和浓口酱油混合后使用。浸泡一个晚上之后就是食用的最佳时机了。"

三文鱼一身都是宝。西塚厨师觉得辛辛苦苦捕捞来的三文鱼,任何浪费都是无法原谅的。留在鱼骨头上的鱼肉和鱼肚子上的肉可以在烤过之后刮下来放到瓶子里留作茶泡饭的材料。

从鱼头的前端到鱼眼之间的软骨被称为"冰头",把它切得极薄,和萝卜、胡萝卜拌在一起,就成了一盘上好的"醋拌冰头"。鱼的肾可以用盐腌制成下酒菜,鱼鳃也可以用盐腌成可以长期保存的腌鱼鳃。心和肝这些内脏也都可以派上用场。自古以来,只要有三文鱼入手,日本人自然而然地就知道应该如何妥善处理和保存它。

"用盐腌制成三文鱼是很久以前就有的保存方法。腌好的三文鱼既可以直接拿来烤,也可以在用水浸掉一些盐分后再和萝卜、胡萝卜、蘑菇一起煮,然后,放进酒糟做成'三平汤'或者'石狩火锅'。三文鱼的脂肪和盐分会恰

三文鱼饭

○ 三文鱼子酱

把三文鱼的边角料毫不浪费地拿来煮饭，这一做法很好地反映了西塚厨师珍惜食材的想法。把用『幽庵地』泡过的边角料放在大米上之后直接开始煮饭。在焖饭之前把边角料取出，等蒸完之后再把边角料上的鱼肉拨进米饭里拌匀，最后撒上酱油腌的三文鱼子酱。如此美味的米饭，谁都会忍不住多吃上几口。

到好处地溶入汤汁中，非常好吃。用切成片的芜菁把三文鱼夹起来，再用酒曲浸泡发酵做成的芜菁寿司也是不错的选择。烤好的咸三文鱼连鱼皮和鳞片都别有滋味。"

在比较寒冷的地方，三文鱼挂在屋外就会被冻住。把冻住的三文鱼像切生鱼片一样切成薄片，蘸上生姜酱油，吃起来冰晶会在嘴里沙沙作响，这便是阿衣努族的"冻鱼"了。过去的人家都有在地面上挖好的暖炉，把三文鱼挂在暖炉的上方就自然成了熏鱼。

"我专门找人帮忙把红大马哈鱼做成熏鱼。熏得硬邦邦的三文鱼，没有一点水分。我会把有皮的一面烤透当'八寸'（注：怀石料理诸

程序中的一道，一般是用来下酒的山珍或海味，因用八寸见方的木盘装盘而得名）端给客人。这道菜颜色鲜艳，很能烘托出季节感。咸三文鱼和熏鱼之所以美味，是由于加工过程中蛋白质的胺化。在这一过程中如果鱼肉脂肪含量过高，就会发生氧化。所以脂肪含量过高的三文鱼不适合用来制作需要长期保存的食品。"

另据西塚厨师说，五月前后捕捞的不合时令的三文鱼（时鲑）所含的脂肪既香而不腻，风味不俗，可以直接拿来烤或者蒸。十一月上旬至中旬在知床（注：地名，位于北海道东部的半岛）到网走（注：地名，位于北海道东部，面向鄂霍次克海）附近捕捞的鱼龄较小、脂肪

炸土豆三文鱼盖浇美味出汁

秋 三文鱼

萝卜蓉　姜　四季豆　油炸牛蒡

美味出汁指的是二道出汁。把三文鱼背部的肉、土豆、四季豆炸好后装盘，浇上美味出汁，再配上萝卜蓉和油炸牛蒡。拌匀了尝上一口，就能明白三文鱼才是支撑起这道菜风味的主心骨。

含量较高的白三文鱼由于捕捞量极小，被称为"鲑儿"，极受食客们的珍爱。得益于人工养殖和鱼苗放流等技术的进步，三文鱼的捕捞量得以保持稳定，在今天它仍然一如既往地充当着日本人餐桌上的主角。

"过去的三文鱼个头更大，但当时还没有冷冻保鲜的技术，所以人们研究出了一整套如何不让它坏掉，如何让它物尽其用的技巧和办法。为了让鱼即使放在橱柜里也不会坏掉，人们会把味道调得重些，或是自如地控制食物中的盐分，或是用盐处理后晾干……我想，现在应该是好好复习一下三文鱼教给我们的这些东西的时候了。"西塚厨师如是说。

芋茎

芋茎

芋头类植物的叶柄部分。据说芋茎的日语名称来自梦窗疏石（注：镰仓时代末期，南北朝时代临济宗的僧侣）的和歌「芋头叶子上的露水从叶片上滑落，这不正像是对神佛感恩的随喜之泪吗」（注：日语中芋茎和随喜同音）。芋茎可以从日本各地的各种芋头以及和芋头相近的莲芋等采集到。也有仅采集芋茎而不食用芋头本身的。根芋（芽芋）则是把芋头遮光让其发芽得到的，用法和芋茎一样。

沙沙作响的爽脆口感。到哪里还能找到像这样独一无二却又虚无缥缈的味道？

醋蘸红芋茎

占地菇　北极贝　芥末丝

这道菜的感觉让人想到日本画中的风景。红芋茎的淡红色和质感使人不禁为之一动。用水轻轻漂过的红芋茎鲜脆，用热水烫过的占地菇爽滑，微微加热过的北极贝富有弹性，甜味控制得恰到好处的「三杯醋」更是让各种食材的口感表现得更加淋漓尽致。

修长而笔直，直指天空的健硕身姿让见者为之动容，这就是芋茎。

芋茎是芋头的叶柄。剥去皮后晾干的干芋茎被称为芋梗干。提到芋梗干，知道的人应该不少。但是知道新鲜芋茎的人就不多了。

"因为芋头本来就是日本各地都广泛栽培的蔬菜，所以芋茎绝不是什么稀罕东西。但是因为很多芋茎都非常苦涩，所以为了去除苦涩味道而晾干的芋梗干更为普遍。关西出产的芋茎没有什么苦涩的味道，所以新鲜的用得更多一些。"

在高知人们会给烤得外焦里嫩的鲣鱼片配上大量切成薄片的芋茎，享受那种鲜嫩爽脆的口感。不管是生吃还是晾干后重新用水发起来的芋茎，那种特有的爽脆口感都是芋茎最大的魅力所在。虽然芋茎可以很轻易地用牙齿咬断，但是芋茎微妙的弹性和韧性也会一并诉诸食者的感觉。别的蔬菜有和这类似的口感吗……想来想去，却怎么也想不到。

芋茎的另一大特点就是，没有什么特别

腌鲶鱼拌莲芋

◇ 鲶鱼　腌鲶鱼卵巢

这道菜使用了一般不吃的莲芋的根，而日本料理有时正是需要这样大胆的尝试。把莲芋用水漂过之后过一下热水，甩掉水分后泡在和一般的汤浓度相似的二道出汁中。腌鲶鱼卵巢用煮沸过的酒化开。和莲芋、盐鲶鱼拌在一起的是剥掉皮之后撒了少许盐的鲶鱼切丝。

的味道。但是因为芋茎的结构是无数极纤细的导管，所以可以很轻易地把芋茎做成各种味道。这让芋茎同时兼具了高雅脱俗和平易近人这两种完全相反的魅力。也正因为如此，芋茎长久以来一直得到人们的喜爱。

"从江户时代起芋茎就经常出现在怀石料理中。同时芋茎也是做汤的材料，经常被用在大酱汤中。当时人们使用根芋或者说芽芋（把芋头遮盖起来，在不让阳光照射的情况下发芽长出的像豆芽一样的东西）这些和芋茎类似的食材，从初冬一直吃到春天。芋茎还可以煮过后和别的食物搭配成一道菜，或者过一下热水后做成醋拌凉菜。"

芋茎有好几种：较粗的白芋茎，较细的红芋茎，带着鲜艳的嫩绿色的是绿芋茎。绿芋茎还被称为"莲芋"。各种芋茎的产地也各不相同。

"白芋茎的产地是爱知。金泽的红芋茎很有名。红芋茎是"八头"这一特殊的芋头品种的叶柄。在培育红芋茎的时候，会优先让芋茎生长，芋头本身是不吃的。绿芋茎的产地是高知，也是一种特殊的芋头品种。这种芋头嫩绿色的叶柄中有很多导管形成的空洞，就像莲藕一样，所以就有了'莲芋'这

白芋茎小芋头双煮

○ 小对虾　四季豆　碎柚子皮

秋　芋茎

从这道菜得到的启示是，看起来很家常的菜也能给人以强烈的印象。把小芋头和芋茎这两种本是同根生的食材一起用放了干海参的二道出汁来煮，这一方法让这两种食材中泥土的芬芳更加相得益彰。而小对虾的红色，更堪称画龙点睛之笔。

样一个别名。"

关东出产的味道苦涩的芋茎做菜之前的预处理会比较费事。这种芋茎用菜刀一切开，断面马上就会变成褐色，手指也会很快被染成黑色。

"解决的办法是用加了醋或者明矾的水把芋茎浸泡上一到两个小时，其间要频繁地换水。但是不管芋茎的苦涩如何强烈，如果让芋茎最有价值的口感受影响的话，做这些事也就没有意义了。这时候决不能用热水，而只能用凉水来浸泡。"

在煮之前还有一件必须要做的事。

"煮之前需要把芋茎轻轻挤一下。因为芋茎内部的导管会吸收大量的水分，就这么煮的话就不易入味了。如果水分跑到菜里的话，还会影响到整道菜的味道。因此需要在煮之前去掉芋茎的水分。"

只要解决好水分的问题，之后就会很简单顺畅了。稍微煮一下芋茎让它吸收出汁的味道，或者用"三杯醋"凉拌。那种说不出是什么颜色的微妙的色泽，透着一种朦胧的美。但在丰饶的口感中却可以明晰地感受到芋茎的生命力。

"这大概全都是因为芋茎归根结底还是

干芋茎乡土大酱汤

◎ 滑子蘑 豆腐 油豆腐 辣椒粉

喝起来味道深沉的芋茎大酱汤,是会在茶怀石的前菜中出现的一道重要的料理。把干芋茎用水发好后用大量的热水过一下,轻轻拧干后使用,再放进滑子蘑、豆腐、油豆腐等各种材料。仙台大酱则让这道汤更加回味无穷。

植物的'芽'。和野菜一样,芋茎也是带着以成长为使命的强劲的生命力,降生到这个世界上的。"

晾干的芋茎同样也是值得重新审视的食材之一。在日本的东北地区,干芋茎是平时就吃得很多的东西。

"纳豆汤里是一定少不了干芋茎的。有些家庭会把纳豆拍碎,有些家庭则会把纳豆捣碎,但是在这之后放进用水发好并切碎的芋茎却是所有家庭共通的做法。加芋茎与其说为了添加什么味道,倒不如说是为了芋茎那脆嫩的口感。为了让干芋茎有味道,可以把它和或厚或薄的油豆腐一起炖上一大段时间。这也是冬季里不可或缺的小菜。"

在看似平淡的味道中探求美味,这不正是日本料理的真谛所在吗?

冬

鸭子　葱　白菜　紫菜　牡蛎　海参

鸭子

鸭子

雁形目鸭科。鸭子在世界上广为分布，雌雄的颜色不同，肉富含铁和磷。日本人很久以前就喜欢食用鸭肉。从绳文时代的遗迹贝塚中发现的鸟类骨头中，以鸭子的骨头居多。《播磨国风土记》（注：地方志，成书于和铜六年（713年），播磨为现兵库县的一部分）中有把鸭子做成羹的记述，所谓『合鸭』是野生的绿头鸭和家鸭的杂交品种。

从北方的天空远道而来的鸭子，那鲜红的鸭肉中，是鸭子充满野性的生命力。

鸭肉火锅

○ 九条大葱　削牛蒡　豆腐　芹菜　香菇

说起冬天的美食自然少不了鸭子火锅。看看这切得厚厚的鸭脯肉，靠前放着的是用鸭脖子肉、鸭心、鸭胗等拍软之后磨碎做成的肉丸子，锅底料是用鸭骨头炖出来的汤和头道出汁混合而成。这充满野性的美味，让人忍不住一口气喝尽最后的一滴。

当寒风开始给人仿佛是在被刀子割一样的错觉的时候，一些美食的滋味便开始了飞跃式的进化。鸭子，就是其中之一。

"噢！鸭子今年又飞来了。"

对于北方的人们来说，远道而来的鸭子是向人们报告冬天到来的使者。不仅如此，鸭子也是日本人自古以来喜爱有加的美食，所以鸭子的到来对日本人来说同时也是一件很吉利的事。江户时代的武士阶层珍爱有加的美食是鹤，而对于老百姓来说，鸭子就是他们的大餐了。正因为如此，日语中鸭子

治部煮

○ 掺了小米的面筋 烤葱 茼蒿 青芥末

金泽首屈一指的乡土菜治部煮也绝不可错过。在鸭脯肉上裹上芡粉，用头道出汁略煮一下。和鸭肉配在一起的，是香甜脆嫩的烤葱、柔软的小米面筋、带着苦涩香味的茼蒿。一道食材的搭配极富变化的美食。

这个词，同时也具有了"猎物"和"发财的机会"的意思——"看哪看哪，那边有只肥鸭子慢慢悠悠地晃过来了（发财的机会来了）。"江户时代的人会一边舔着嘴唇一边这样说。

鸭子南蛮面、鸭子汤、鸭子火锅、烤鸭肉串、烤鸭脯——不管是什么鸭子菜，只要把鸭肉放进嘴里一咬，就会有浓厚而回味悠长的滋味源源不断地从鸭肉深处涌出。鸭子中美味最甚的要数通称"绿头"的雄性"真鸭"了。"绿头"头顶上墨绿色的羽毛令人惊艳。鸭子的美味，就隐藏在那艳丽的羽毛之下。

"在本州禁猎期之外的时间是从每年十一月十五日到第二年二月十五日的三个月。到了这段时间，厨师们那种拭目以待的心情也就到了顶点。但是准确地说，进入一年中最寒冷的时期后，鸭子才会更加努力地吃食，这时的鸭子其实才是最好吃的。"

冬日已至，西塚厨师已经开始忍不住要摩拳擦掌了。

和"合鸭"相比，野鸭的身体要小得多，即使是雄鸭，体重也只有一点五公斤左右。但是从远方飞越大海而来的珍稀的野鸭肉质紧密，味道中也渗着一股不凡的气概。因此做起来也让人格外有干劲。

盐烤鸭脯肉

冬 | 鸭子

○ 加了出汁的酱油　青芥末　京都莴苣

让人赏心悦目的美丽色泽说明了火候的恰到好处。先把鸭脯肉带皮的一面慢慢烤好，再把整块鸭肉烤好后撒上岩盐。佐料是用出汁兑过的酱油和青芥末。这道菜力求把鸭子的鲜美表现得直接而简洁。

"我的伯父以前是猎人，所以原来我有很多机会吃到野鸭、鹌鹑、山斑鸠这类的野鸟。做法也都很有乡土气息，比如切成大块之后和牛蒡、葱一起咕嘟咕嘟地煮成一大锅肉汤。"

对于生为山形人的西塚厨师来说，鸭子是从小就耳熟能详的冬天的美食。不管是肉、骨头还是内脏，都可以毫无浪费地拿来做菜。

"鸭子没有哪个部分是需要扔掉的。鸭身的肉自不用说，脖子上的肉和内脏都可以剁碎了做成丸子，骨头可以熬出好汤。做丸子的时候，为了让丸子带上一点脆脆的口感，需要巧妙地控制剁软骨时的力道。只有把这一点做好了，才算是称职的厨师。"

用鸭骨头熬的汤清淡爽口，较之鸡汤更为清爽，和海带的出汁以及鲣鱼干的头道出汁等别的汤汁也易于调和，所以很受西塚

煮鸭肉汤

◯ 肉馅儿 白菜芯　壬生菜　黑七味粉

日本料理把鸭子从头吃到脚的技巧，尽在这道菜中。把鸭脖子肉、鸭翅膀、鸭腿肉等味道浓厚的部分全部用菜刀拍碎之后，用小麦大酱、薄口酱油、酒调味之后搓成肉丸子，最后用八方出汁煮。碗里同时还配有白菜和壬生菜这两种冬季特有的蔬菜。

厨师的青睐。而最能证明鸭子这种食材价值的，还要数鸭子火锅。为了做好这道可以连汤一起喝掉的火锅，底料用的是用鸭骨头花两个小时以上的时间熬出的鸭汤。据说用一整只鸭子也只能勉强熬出那么一锅。用酱油和酒调好味后把汤煮沸，再把切得较厚的鸭脯肉和剁碎的别的部位的鸭肉倒进锅里，剩下的就是去尽情享用这道充满野趣而又豪华的火锅了。

"如果是新鲜而且富含脂肪的鸭肉，那么胸脯肉和'笹身'可以直接做成生肉片。但是这种吃法除了强调'食材新鲜得可以生吃'之外，并没有什么太大的意义。所以我觉得鸭脯肉还是做成火锅、加盐烤着吃或者做成'治部煮'比较好。此外还可以把胸脯肉蒸成所谓'白胸脯肉'，或者熏制成略带香味的熏鸭。

"野鸭是个性非常鲜明的食材，不管是预处理的方法还是烹饪的方法，或是厨师的感觉，只要稍有变化，就都会做出完全迥异的料理。比如说鸭子身体里的鸭血，如果处理得当，就能变幻出独特的风味，反之也会变成臭味，或者成为整道菜的欠缺——用野鸭做菜比用合鸭要费神得多。"

但是这件难度很高的工作，对于西塚厨师来说反而是一件饶有兴致的事。把鸭皮烤至焦黄来

醋拌芝麻鸭皮

◇ 芋茎 松仁 京都胡萝卜

冬 鸭子

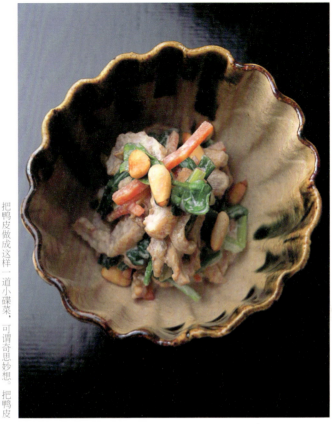

把鸭皮做成这样一道小碟菜，可谓奇思妙想。把鸭皮切成丝后炒，去掉部分油脂后，再用热水浇掉一部分油脂，最后用二道出汁、薄口酱油、味淋开煮。这道菜可谓费时费力。拌上松仁和芝麻，这道菜便香气怡人。口感松脆的芋茎和京都胡萝卜也为这道菜更添一份情趣。

使鸭身收紧，然后挂起来穿上铁签，细心地给鸭子放血，也是一种很重要的预处理的方法。

鸭子的美味中潜藏着血的味道。鸭子蕴藏在内部的野性会触动人的感性，唤醒人沉睡的本能。

在鸭子那强有力的野性的诱惑下，日本各地产生了各种各样的传统捕猎法：当野鸭乘着傍晚时分刮起的风将要飞起的时候，人们会利用这个瞬间用网捕获鸭子，这就是加贺早在江户时代就有的"坂网猎"。在小郡，有用机关拉动地面上的细长网子来捕捉鸭子的"无双网猎"；在滋贺，会把鸭子放到河渠中去引诱野鸭，当野鸭靠近的时候用网由下至上网住野鸭。而用散弹枪乱打野鸭的话会破坏鸭肉的完整，而如果用雾网捕鸭，被网缠住的野鸭会因奋力挣扎而使鸭肉的风味产生变化。要想让鸭子保持鲜美，只能用活捉的办法。

"不管是烤还是煮，只有追求最尽善尽美的火候，鸭子才会好吃。"

想尽各种办法，不择手段才抓到的鸭子，不管是过去还是现在都是一道弥足珍贵的大菜。享用着那一片片红色的鸭肉，让人不禁想起我们都是靠摄取别的生物的生命来延续自己的生命这样一个事实。

葱

葱

葱科的多年生草本植物，原产于中国。大葱特有的刺激性气味来自二烯丙基硫醚。大葱有助于维生素B₁的吸收，而维生素B₁会促进乳酸的分解。具有发汗、解毒、消炎作用的大葱还是治疗感冒的灵丹妙药。大葱在冬季迎来它最美味的时期。较粗的品种应该选择叶子尖端挺拔的，根深葱应该选择叶子上有白色粉末的，叶葱则应该选择绿叶部分较长的。

在土壤中度过了十个月的岁月，当寒霜降过三次，葱的甜美便一下子达到了一个顶峰。

冬 葱

九条葱蛋羹

○ 油炸鲸鱼皮　花椒粉

这道菜可以让你尽情品尝最具代表性的叶葱——九条大葱。寒冬的晚上在这样一口小锅前喝上一阵小酒，那真是再惬意不过了。把九条大葱大刀阔斧地切成段，再和减少了味淋比例的八方出汁、鸡蛋液一起做成蛋羹。柔软浓香的炸鲸鱼皮和鲜脆的九条大葱的二重奏使人乐在其中。

　　鸭子背来的是葱。当寒霜下过三次的时候，葱也和鸭子一样，其美味的程度会骤然上升。这样一个享用美食的机会决不能让它白白溜掉。

　　日本的落语中有一个名叫《领主老爷和金枪鱼大葱火锅》的段子：领主老爷在上野广小路的杂煮店第一次品尝到金枪鱼大葱火锅，于是在回到自己的城堡后，把一知半解的杂煮店专用术语一阵乱用，让家臣们焦头烂额不知所从。领主老爷把刚煮好的大葱用力一咬，让大葱滚烫的芯飞了出来。领主老爷大吃一惊，喊道："啊啊？这大葱原来还可以当火铳使呀！"

　　金枪鱼的鱼脖子和鱼杂、鱼骨、鱼尾等边角料，加上任意切成段的白茎大葱，用酱油煮出的金枪鱼大葱火锅，是江户时代老百姓钟爱的吃法。而关西的火锅则一定会用叶子呈绿色的绿叶大葱。大葱无法笼统地归为一类，因此被大致分成三类：较粗的加贺种群、绿色部分较多的九条种群、较长而呈白色的千住种群。比如粗短的下仁田葱属于加贺种群，根深葱和深谷葱、江户葱属于千住种群，

鳖汤煮下仁田葱

○ 面筋馒头 姜丝

把粗壮的下仁田葱泡得圆滚滚的,是鲜美浓厚的鳖汤。把本来就好吃的东西变得更加美味——看到这样的菜,让人不禁觉得日本料理真的是非常"贪心"。大葱的外层是植物特有的脆嫩,内层则又软又黏,吃起来回味无穷。

博多万能葱和九条大葱等西日本出产的绿叶大葱则属于九条种群。

"这些葱的用法也是大相径庭。金枪鱼大葱火锅和用鳖做的火锅绝对应该用白茎大葱。而大酱拌凉菜用九条大葱和分葱。大葱的绿叶部分柔软而香味浓厚,适合用鸡或牡蛎做的菜。又粗又软、沉甸甸的下仁田葱能吸收大量的汤汁,适合做成煮菜或日式牛肉火锅。"

东日本喜用白茎大葱,西日本则偏好绿叶大葱。譬如在西日本会把葱内侧的汁液叫作"馅",吃火锅的时候也喜欢用包含更多"馅"的九条大葱。黏糊糊的"馅"化在汤汁中,能让火锅的滋味平添一股浓香。但是在做大酱拌凉菜的时候,为了不让菜有太多的水分,厨师们常用的方法是用菜刀把"馅"赶出来。

大葱还是必不可缺的调味品。能否把白茎大葱切得像模像样,是专业厨师刀工技术的体现。而专业厨师的切法,对于日常生活的烹饪同样有借鉴作用。

纵向切开大葱最外面的三层,把这三层剥下来后,用菜刀的刀背分别刮掉内侧柔软的部分,再把剩下的仅有植物纤维的部分根据需要再做进一步处理。沿着植物纤维的方

分葱砧卷

○ 红紫苏嫩芽

冬 — 葱

看着这道菜，耳边仿佛能听到咚咚的菜刀声。为了不让分葱在煮的时候有空气进入，在煮之前用菜刀把分葱的尖端切掉，然后再用猛火加热。之后用扇子扇风使分葱迅速冷却，让分葱的绿色更加鲜艳。西京大酱的醇厚和醋的酸味与分葱的搭配，可谓天衣无缝。

向切得极细的白发葱可以用来做汤，和植物纤维的方向垂直切出来的边角圆滑的"鬘葱"可以给醋拌凉菜和煮菜当点缀。切法不同口感也会大不一样。

另外还可以把大葱用棉纱包起来揉洗以去掉它的黏滑成分，或者用流水冲洗来减轻大葱的辛辣味道。切成葱末可以掺和进鸡肉或者鸭肉做成肉丸子。和大酱拌在一起就成了"葱拌大酱"。煮着好吃，烤着好吃，切来调味也好吃。简简单单的一根大葱，却是如此变幻无穷。

但是有一条法则却是对各种大葱都适用的。

"越是辛辣的大葱，在加热之后就会变得越甜。"

正因为如此，东日本辣味强劲的白茎大葱在烤过后或者煮过后会格外香甜。而个中翘楚，是江户时代之后两百年一

119

大酱烤红葱

山形庄内地区的红葱之所以得名，是因为在给大葱培土后，大葱白色的部分会因为土质的影响而发红。红葱和一般大葱相比那种刺激强烈的辣味有所缓和，风味也更加柔和。把这一特征全盘发挥出来的，便是这道加了盐的大酱烤红葱了。哦对了，别忘了涂上烤菜时专用的大酱。

　　直传承于东京千住的千寿葱。

　　在天色还很灰暗的十二月，早上六点，用稻草捆好的大捆大捆的大葱亮出的白色显得格外清爽。能看到这风景的，是位于日光街道的门户千住的日本唯一一处从江户时代延续至今的大葱市场，俗称"山柏"。这里仅有九家经营大葱的商家——精明老练的大葱商人济济一堂，一场白热的竞拍就要开始了……

　　这里的葱一眼就能看出有多么不同寻常。葱叶密密层层，粗壮饱满，透明的表皮富有光泽而光滑，仿佛放射着白色的光芒。这里的葱新鲜得用刀轻轻割一下就会淌出汁液。每一根，都是像疼爱自己的孩子一样培育自家大葱的农户精挑细选出来的极品。大葱商人把它们竞拍下来，之后这些千寿葱就会被批发到老字号的荞麦面店、日式牛肉火锅店、串烧店和高级食材店。

　　"千寿葱嚼起来有劲而不乏细腻，煮过之后又会变得柔软，但并不会被煮烂。甜味绵长。这是在吃别的大葱时绝对体验不到的。"

　　这是种植千寿葱的农户和经营千寿葱的商人长久以来的骄傲——千住的大葱商家"葱茂"的年轻老板安藤将信如是说。千寿葱在明治年间大受东京的火锅店的好评，荞麦面店更是表示"用千寿葱当配料能比用别的大葱多招徕一倍的客人"。但是现在生产大葱的农户后继无人，只有很有限的大葱在市场上流通。身为大葱商家第三代的安藤，为了不让千寿葱这种美味无比的大葱消失在我们这个年代，一直在孤军奋战。

自不用说，西塚厨师也是千寿葱的忠实支持者之一。

"池波正太郎的小说中有一种叫作'根深汁'的汤——在大酱汤里放上烤过的大葱，仅此而已。我很想试试用千寿葱来做这道菜。如果把不同地方出产的大葱分别最适合什么样的菜这个问题研究得更透彻一些的话，以葱为主角的菜应该还有更多才对。同时也应该还有余地用大葱作更多的尝试。"

一棵大葱长成，大约需要十个月。在早春播种，在夏天成长，在秋天培上土蓄积甘甜，靠冬天的温差使风味倍增，到了霜降时分又满怀喜悦地迎接严寒，而此时大葱的美味也终于达到了顶峰。这时，鸭子不失时机地背上大葱如期而至。我们怎么能让这美味白白溜掉？

千寿葱金枪鱼火锅

从江户时代延续至今的传统蔬菜品种——千寿葱。葱的表皮包裹得紧密细致，细腻的表面放射着艳丽的光泽。把它切成容易食用的长度，并切出密密的刀口。火锅中大葱的鲜美丝毫不逊色于金枪鱼脖子部分的鱼肉，它才是这道菜名副其实的主角。

白菜

白菜　十字花科二年生草本植物。原产于中国，在中国东北部广泛栽培。明治八年，山东白菜传入日本，但白菜种植得到普及是在大正以后。白菜从秋季到初春都有上市，但冬天的白菜最好吃。

清脆而滋润，十二月的白菜经过落霜之后会更加甜美。

鱼子醋拌白菜水焯河豚

○ 小葱 红萝卜蓉

这道菜非常出人意表。其主旨是让客人品尝白菜内侧的柔软菜叶。和菜叶拌在一起的,竟是河豚皮。河豚皮用开水焯一下,和鱼子拌在一起,就能酝酿出醇厚的口感。再加上苦橙汁酱油。虽然河豚看上去是这道菜的主角,但实际上最至关重要的是白菜的香甜。

看到水灵灵的大白菜懒洋洋地坐在蔬菜店里,会不觉松一口气。可能是看到这样的白菜,人们也作好了心理准备,来接受已经来到身边的冬天。

所有冬天的蔬菜都会在经过落霜之后变得更有滋味。也就是说,只有体验过寒暖温差,才会更甜美、更成熟。白菜也不例外。在寒冷彻骨的年底,不经意抱起一颗白菜,却被它的重量吓了一跳……不知道你有没有过这样的经历呢?

没有什么蔬菜比白菜更值得信赖了。发愁的时候用白菜。分量虽足但是热量低,而且很便宜;白菜含有维生素C、钙、铁、镁等营养成分;而且不管是绿叶的部分、柔软的叶尖,还是中间的菜芯或者接近菜芯的菜叶,每个部分的味道都各有特色。

"凭借不同的烹饪方法,能让吃白菜的人完全感觉不到那是同一种食材。"

煮的时间短,清脆爽口。煮的时间长,水分充足而柔软。慢火细煮虽然会变得软趴

白菜松前渍

○ 海带　胡萝卜　鱿鱼　辣椒　生姜

冬日里的「啫啫」不可或缺的一道料理。在事先用盐腌好的白菜叶里加入切成丝的海带、鱿鱼、胡萝卜，用够分量的石头压着放置两天。等到白菜的甜味显现出来以后迅速捞出，切成适于食用的大小。这道菜需要把白菜腌得恰到好处，保持白菜的新鲜风味。

趴的，但是不会煮碎，软趴趴的白菜也同样有它独特的风味。而且绵软的白菜能充分吸收汤汁的美味，让味道愈加醇厚。

之所以会这样，是因为每一片白菜叶里都密密麻麻地布满了纤维。

"白菜的口感都是由切法决定的。如果想保持清脆爽口的口感，就顺着纤维切。相反如果想让白菜充分展现出它柔柔的甜味的时候，就把纤维切得碎些。做泡菜的时候也可以如法炮制。在家里做酱汤放白菜的时候，只要把纤维切得碎些，口味就能好很多。"

"同样是煮白菜，有时需要顺着纤维切，有时候则不然。因为还需要煮的速度这样一个因素。所以最重要的是根据白菜的质地和要做什么菜来改变切法。"西塚厨师又这样补充道。

可以说白菜好不好吃完全要看手上拿的这把菜刀。比如说中餐在炒白菜的时候，碰到菜叶较厚的部分，就会改垂直切为斜着削。这是为了尽量扩大横断面来让白菜更容易吸

酒糟煮白菜

芹菜 油豆腐 胡萝卜 辣椒粉

冬 | 白菜

这道菜即使是在寒冷的夜晚也能让身体马上暖起来，吃起来让人觉得非常满足。把肥厚而甜味较重的白菜芯切成长方形，用加了酒糟的较浓的鲣鱼干出汁来煮。白菜这种食材的有趣之处在于不同的部分有着各自不同的风味。白菜芯就非常适合酒糟这样比较浓重的味道。

味。这不能不说是一个很巧妙的办法。

白菜在东亚地区最为广泛食用。比如在白菜的故乡中国就有这样一个词——"养生三宝"。

吃了能够滋养身体，保持健康的所谓三宝，就是萝卜、豆腐和白菜。只要对医食同源这一概念有一定的了解，就能懂得为什么白菜会被当作宝了。白菜可以祛除淤积在体内的虚火，所以对治感冒很有效。既能补充营养，又能祛除体热，白菜就是这样一剂"吃饭治病"的药膳配方。

在整个东亚地区最具代表性的白菜的用法，自然是泡菜了。没有了白菜，也就无从谈起韩国泡菜。在韩国，一进入十一月，人们就会聚集到一起，把大量采购来的白菜腌制成整个冬天所需的泡菜。在中国，把切成细丝的白菜用甜醋腌出来的"辣白菜"也是易于制作的家常菜。而在中国北部，人们会把白菜装在瓶子里让它慢慢发酵，做成酸菜。酸菜这种易于保存的食物，既可以直接食用，

白菜卷蟹棒
○ 生姜醋　姜丝

同一个季节收获的食材，基本上都能配得很好，比如螃蟹和白菜。西塚厨师把白菜叶尖端的柔软部分用热水稍烫一下之后，在蟹肉棒上卷上几层。柔软的蟹肉、富含水分的白菜叶、爽口的生姜醋，虽然是一道很新颖的菜，但却已经有了名菜的派头。

也可以放到锅里慢慢地煮透了吃。这些是从古至今流传下来的越冬的重要食物。

在日本冬天同样是做腌白菜的季节。西塚厨师的基本做法是这样："先把白菜对半切开，稍微洗一下之后阴干。然后在断面上撒盐，放进腌咸菜用的木桶中，用石头压到白菜的水分溢上来为止。所用的盐是粗盐。刚开始为了把水分快点挤出来，应该用尽量重一点的石头来压。放置两三天以后把水倒掉，重新撒上盐，再放上一些朝天椒，放在凉爽的地方腌第二道。"

西塚厨师说腌第一道的时候，尽量快些让白菜排出水分，是把白菜腌好的关键所在。同时需要根据每年收获到的白菜的水分多寡、叶片的厚度、甜味的浓淡等，在腌的过程中作出各种必要的调整。那情形，就仿佛是在

摞煮白菜牛肉

○ 碎柚子皮

把白菜外侧的大叶子用热水稍煮软,和五花牛肉一层一层重叠起来之后用竹笋皮绑起来,然后加了酱油和酒的二道煮汁慢火细炖。盛盘的时候勾芡,使口感愈加醇厚。碎柚子皮的香味也很刺激食欲。

和一棵一棵的大白菜进行对话。

现在自己动手腌白菜的人越来越少,腌白菜已经慢慢成了纯粹的商品。但是一边感受着冬天凛冽的寒风,一边腌制白菜,本来不就是一种坚定决心接受严冬挑战的仪式吗?

海参

海参

棘皮动物门海参纲。栖息在日本各地的海湾，具有很强的再生能力。海参共有一千一百多种。其中用于食用的有刺参（蓝海参、黑海参、红海参）、光参等。用海参的内脏腌制的「海鼠肠」，用卵巢加工的「海鼠子」「口子」也是倍受人们喜爱的特色食品。

在冰冷的海底慢慢地蠕动，这里是让人垂涎的下酒菜——海参的世界。

蓝海参茶振

○ 虾夷葱　红萝卜蓉

富有颗粒感的轻快口感——蓝海参的美味可谓别具一格。「啐啄」每到冬天就会从三陆采购来最新鲜的蓝海参。茶振是为了抑制海参的苦味而研究出来的一种传统技法。把海参放到煮沸的番茶中搅动，略微加热后用醋浸泡。

当空气冰冷得好像要凝固起来，就差不多是时候了。让人们等候已久的那种美食，终于又出现了。

又到了海参的季节。喜欢它的人看到它会喜形于色，吃不了的人则根本看都不愿意看一眼。喜欢上海参，冬天就又成了让人等得心焦的季节。有人揶揄说第一个吃海参的人不知道是怎样的勇士。但是不管怎么说，海参确定有一股能够征服人味觉的魔力。就好像"冬至海参"这个词表达的那样，当气温下降到一定程度的时候，海参开始为产卵作准备，食欲会变得非常旺盛，海参也会随之变得更加鲜美。海参种类繁多，仅食用的刺参，其种类和风味也是千差万别。

"日本人自古以来就吃海参。关东喜欢吃有韧性的蓝海参，关西则喜欢口感柔软的红海参。"

如果想让这两种海参的特长发挥出来，当然应该各用各的做法。如果是生吃，可以选择红海参或者黑海参的一种——在金华山

柚子醋金华海参

◇ 柚子皮丝

一道让喜欢吃海参的人忍不住拍手叫绝的菜。把生的金华海参切成薄片，加上用日本柚子榨的汁、鲣鱼干、酱油、酒调制后放置过一段时间的调味汁。柔软而富有弹性的金华海参和柚子皮略苦的香味让人欲罢不能。能够享用这样的美味，让人不禁觉得长大成人其实也是一件很不错的事。

近海捕捉的金华海参。在吃蓝海参之前，对海参进行一种特殊的加工——"茶振"，就可以让海参富有韧性的口感发挥得更加淋漓尽致。

"'茶振'既可以用整只海参，也可以用切过的海参。处理整只海参的时候，用缠上布的方便筷子从一头捅进海参，掏出内脏后清洗干净。如果先切的话，就在纵向切开海参之后把海参的内部洗干净，最后去掉像肉筋一样的薄薄的皮层。"

用筷子捅海参——这个听起来好像有点惨不忍睹，但实际上并没有什么大不了的。因为海参的嘴和肛门只是靠一条隧道般细长的管道连接在一起，身体是简单得不能再简单的圆筒形。里面非常平滑，把手指捅进去会觉得滑溜溜的。

所谓"茶振"是这样的："把切好的海参放在簸箕里，放到加热好的番茶里均匀地一边漂一边加热。如果是比较大块的海参的话温度大约在八十度。温度全靠厨师的感觉来掌握。加热好以后洗一下放进日本柚子的果汁里泡起来。有人说使用番茶是为了去掉海参的腥味，但同时番茶中的成分也可以让海参变得柔软。"

煮金子

◇ 四角形面筋 菠菜 姜

冬 | 海参

这是只有专业厨师才能有足够的时间和能力来应付的极复杂的一道菜。把自然晒干的海参（金子）浸在水中花一天时间发好，再分三次煮，每次煮上五到六个小时。用新鲜的鳖作为原料。海参黏稠而出汁也是极尽奢华，优雅的口感，告诉我们干海参并不只是中餐的专利。

　　用"茶振"的方法来处理蓝海参，可以说是正月里一道不可缺少的风景。喜欢钻研的西塚厨师在海参的魅力的感召下，还尝试了烤海参。

　　"烤着吃的时候，可以把比较小的海参用大火烤过之后，再浇上苦橙汁酱油来吃。因为海参本身就带有咸味，所以也可以只浇上醋橘的果汁来吃。如果烤得好的话，就会既柔软又鲜美，非常好吃。"

　　虽然比吃生海参要多费些功夫，但干海参同样让西塚厨师跃跃欲试。

　　"把干海参泡上一整个晚上发好，再把整口锅放在火上加热五六个小时，就这么把盖子盖着

明月海鼠肠

○ 山药

吃完这道菜的感想是,不想再把海鼠肠简单地归类为所谓特色食品了。在切得整整齐齐的细山药丝上盖上海鼠肠,再放上一粒鹌鹑蛋的蛋黄,粗粗地拌一下吃进嘴里——浓浓的海潮的气息。把它当作来自大海的珍贵的馈赠,一点一点地细细品味。

放到第二天,再煮上五六个小时。缩得很小的海参就恢复到了本来的大小。然后就可以放进出汁里接着煮然后做成各种各样的菜了。"

有一种黑海参晾干后被称为"金子"或"光参"。在日本料理中,干海参也是节分必不可少的食材。因为干海参的形状和粗糙的表面,它在节分时所象征的是鬼怪的棍棒。在这个时候黑海参会被做成杂煮、什锦果冻、蛋黄寿司、山药丸子等食物。

在谈到海参时不能不提的是"海鼠肠""海鼠子",还有"口子"。这些都是让饮酒之人垂涎的下酒菜。

海鼠肠是用盐腌制的海参的肠子,"海鼠子"则是把海参的卵巢摆成三味线的拨子一样的三角形再晾干得到的食物,"口子"是用盐腌制的海参的卵巢。不管哪一样都是风味独一无二

海鼠子汤饭

一道可谓简练的美食。在极清淡的出汁中加入刚刚煮好的米饭,等到米饭被煮得蓬松的时候加进海鼠子,撇去水面的浮沫停止加热。这个过程没有让任何杂味掺杂进来的余地。在如此晶莹剔透的美食面前任何言辞都是多余的。

的特色食品。抿上一小口酒,再吸上一搓海鼠肠,谁都会忍不住说上一句"味道好极了"。除此之外就不需要更多的言辞了。

西塚厨师还告诉了我海参的这样一些奇妙之处:海参只要撒上一点盐,就会马上化掉;稍微沾上一点油也会如此。看西塚厨师拿海参做菜时,我更是目睹了匪夷所思的场面:濒临危机的海参为了骗过敌人,急着把自己的内脏全挤了出来……海参把自己的身体排得空空如也之后,会再忍饥挨饿地花上好几个月的时间让内脏重新长出来——海参着实是一种奇妙的生物。

海参身体的结构是那样简单,但是不管是生吃、晾干,不管是海鼠肠还是海鼠子、口子,不一而足的风味却是让人觉得深不可测。想象着这神奇的生物在冬日海底悠闲蠕动的样子,西塚厨师已经忍不住又要大显身手了。

牡蛎

牡蛎

软体动物门瓣鳃纲牡蛎科。世界范围内共有约八十种，日本栖息有其中二十五种，包括长牡蛎以及适于夏季食用的岩牡蛎等，在河流流入大海形成的溺湾中大量栖息。除了天然牡蛎外，起始于江户时代末期的人工养殖也非常普遍。现在的主要产地有岩手、宫城、三重、广岛等。牡蛎富含糖原、铁、维生素B_2，营养价值很高。

厚厚的贝壳里是牡蛎饱满圆润的身体，来自大海的醇厚的牛奶让人沉醉。

牡蛎盖浇醋味果冻

冬　牡蛎

○ 裙带菜　虾夷葱　红萝卜蓉

日本料理凭借全新的视角来获得进化。人们所熟知的美食醋浇牡蛎披上了醋味果冻这款新衣，便摇身一变成了一道全新的料理。先快快地把牡蛎用热水漂至发白，果冻是用出汁兑稀的苦橙汁酱油再加上琼脂做成的。最后再配上鸣门的裙带菜、虾夷葱和红萝卜蓉。

牡蛎是来自大海的牛奶。不知出自谁的这一生动的比喻，描绘出牡蛎醇厚而又充满戏剧性的风味。

如果胡乱撬开牡蛎的硬壳，免不了会伤到手。可是硬壳一旦打开，呈现在人们眼前的，是看起来黏稠而充满光泽的半透明的乳白色。牡蛎仿佛因为被从自己的藏身之处发现而在微微颤抖。越是新鲜，牡蛎就越会给人一种纯洁无垢的印象，让人不由得一阵心跳。

西塚厨师至今无法忘却三十年前在广岛第一次吃到牡蛎时带给他的震撼。

"和在山形老家吃的日本海和三陆出产的没有什么味道的牡蛎相比简直就是天壤之别。口感柔滑鲜味浓烈，不大的外壳里装满了肥厚的牡蛎肉。据说牡蛎会让外套膜肥厚化进而让自己的内脏发育。我当时很是吃惊，忍不住喊了一句：'哎呀！太好吃了！'"

牡蛎品种很多：分布于日本全国的长牡蛎，在有明海一带繁殖的住之江牡蛎，在濑户内海较多的密鳞牡蛎，能在盐分浓度较高

柚子釜蒸牡蛎

◇ 大葱 香菇 芹菜

日本柚子的金黄色让人的眼睛为之一亮。把大个的柚子横着切开掏空,在里面铺上海带。然后把烤好的大葱、香菇、芹菜、牡蛎塞到里面,把柚子泡在出汁里开始蒸。上桌之前再浇上厚厚的一层萝卜蓉。做这道菜时最让西塚厨师紧张的自然是加热牡蛎时的火候。

的太平洋沿岸捕捞到的日本巨牡蛎。日本自古以来就有以长牡蛎为主的人工养殖,而广岛人工养殖牡蛎的历史更是可以追溯到延宝年间。人们先让牡蛎的幼体附着在竹子和松枝上,等到幼体发育成蚝仔后,再把牡蛎成串悬挂到漂浮在海面的竹架下让牡蛎生长,或者在人工养殖到一定大小后撒到海底任其长成。

牡蛎靠食用海中浮游的生物以及硅藻为生。所以含有大量有机物、风平浪静的较深的海湾最适合牡蛎的生长。自然环境对牡蛎的成长至关重要。

"我店里用的是三陆产的长牡蛎。三陆的水土非常适合牡蛎的生长,当地人为了保障牡蛎生活的环境,是从维护山林开始的。因为经由山林的清洁而富有养分的水才能给海湾的牡蛎带来良好的生活环境。如果乱砍滥伐,含有大量土壤的水就会流入大海,牡蛎和紫菜都会大受影响。"

牡蛎的风味,原来是山林和海洋的力量浓缩而成的。想到这里,也就能理解牡蛎为什么能够如此鲜美醇厚了。

从十月到第二年三月牡蛎上市的这段时间,牡蛎会时不时出现在"啐啄"的菜单上,

牡蛎饭

○ 姜丝 虾夷葱

冬 牡蛎

这道菜之所以会让人不禁拍案叫绝,是有其原因的。先用较小的牡蛎煮出汁,用来煮米饭。在焖饭的阶段则把别的烫至微白的牡蛎拌在米饭中。每一粒米饭中都浸透了牡蛎的鲜美,让人只能无条件地为之叫好。煮过出汁的牡蛎则用来做时雨煮(注:把贝类用花椒、姜、酱油等煮透得到的易于保存的食物)——食材是一点都不会被浪费的。

而其中最受青睐的是这道"牡蛎饭"。

"这是很多顾客必点的一道菜。有很多客人不太喜欢吃牡蛎,但却对这道牡蛎饭情有独钟。另外还有一道菜是把牡蛎用热水稍微涮一下,再浇上苦橙汁酱油做的果冻做成的,也很受欢迎。当季节步入严寒,就可以做成加了萝卜蓉的牡蛎汤、以大酱为底料的小火锅、用八丁大酱做的'朴叶烧烤'。到了新年日本柚子成熟变软的时候,我会把牡蛎塞到掏空的柚子里蒸好了给顾客吃。"

据说牡蛎特有的甜美风味会在三月达到一个顶点。

"当牡蛎的季节快要过去的时候,我会把长大的牡蛎穿成串烤着吃,或者用油泡起来。这是我在牡蛎从市面消失前做的最后一项工作。"

朴叶烤牡蛎

○ 大葱　香菇

牡蛎在朴叶上被烤得圆滚滚涨鼓鼓的样子让人垂涎三尺。所用的大酱是在八丁大酱中加了甜味的「樱花大酱」、白色大酱，还有酒这三样混合得到的。一经烧烤，从牡蛎中渗出的汁液就会和其他食材相互融合，成为一道风味更为浓厚的半蒸半烤的美食。看到这道菜，谁都会忍不住叫上一壶热好的日本酒吧。

　　有一种说法是牡蛎要在英语里带"R"的月份里吃，但牡蛎却会在最后的最后让自己的美味迎来一个高潮。不过牡蛎的味道非常特殊，并不是和什么食材都能搭配的。

　　"适于和牡蛎搭配的蔬菜有大葱、芜菁、萝卜蓉。大酱和日本柚子是衬托牡蛎鲜美的绝佳调味品。也可以做成牡蛎豆腐或是牡蛎山药丸子，这种做法可以把牡蛎的鲜美封藏在牡蛎的内部。但牡蛎是很挑剔的食材，很难像别的食材那样，在同一个季节的食材中找出所谓'绝配'。所以似乎还是用连壳一起烤，或者稍微加一加热这种让牡蛎的鲜美浓缩的做法比较简单。"

　　一吃上油炸牡蛎就再也停不下嘴——这样的经历应该谁都有过。牡蛎有一种能够征服人味觉的神奇的魅力。

　　不过先决条件是牡蛎必须新鲜而且质量上乘。

　　"不打开壳谁都无法知道牡蛎是否新鲜，所以产地也就至关重要了。同一个产地出产的牡蛎大小会比较均匀、质量也稳定。连壳一起烤的时候我不会用水洗，因为我不想浪费哪怕一滴牡蛎壳里的汁液。如果是稍稍加热的话，我会把牡蛎的肉放在稀盐水或者萝

芡汁牡蛎豆腐

◎ 芹菜　胡萝卜　香菇　青芥末

冬　牡蛎

西塚厨师说保存过去流传下来的传统菜也是职业厨师的职责之一。牡蛎先用水烫过之后去掉腮和内收肌等多余的部分，仅把肝的部分用网眼滤碎以后和鸡蛋、出汁混合到一起后蒸成形。口感柔滑而鲜味浓厚，能给食之者留下深刻的印象。最后用葛粉调的芡汁和青芥末修饰完成。

卜蓉里轻轻漂洗，一边注意不损伤到牡蛎的肉，一边把它上面附着的脏东西洗干净。"

再把牡蛎放进只放了一小撮盐的热水里，让牡蛎的表面附上一层薄薄的盐水，然后马上投进冷水让牡蛎的肉收紧，最后去掉牡蛎多余的水分——这是西塚厨师一般的做法。

"加热太过的话就算是把牡蛎给糟蹋了。牡蛎本身就有咸味，为了让牡蛎体现出它原汁原味的风味，最要紧的就是不去'画蛇添足'。"

牡蛎虽然是大名鼎鼎的美食，但同时却又纤弱得甚至禁不起触碰。我不禁在心中玩味这山野和海洋一同孕育的海之牛奶的柔弱。

紫菜

紫菜

紫球藻科紫菜属，通称甘海苔，而绿海苔（石莼）则是属于石莼科的不同品种的海藻。在奈良时代日本人就开始食用野生的紫菜，到江户时代开始人工养殖。当水温下降时紫菜会开始发芽成长，所以每年的新紫菜会在一月到二月之间上市。紫菜可以直接食用、做成佃煮，或者用造纸法中捞纸的手法把紫菜制成薄片状。由于干燥的紫菜容易吸潮，所以可以一边烘烤一边食用。紫菜含有氨基酸、丙氨酸等美味成分。

当寒意渐浓，就是时候采今年的第一拨紫菜了。散发着美丽光泽的黑色，是日本文化悠久历史的缩影。

花椒煮紫菜

冬 紫菜

这一定是只有日本才有的美食，只有在冬天才能品尝到的醇厚的口味。在柔软的头茬紫菜中加入酒和少许味淋，用微火煮两天。在煮的途中，把事先去掉部分盐分的盐腌花椒种子加进去，用筷子尖轻轻挑起一点点，慢慢地仔细品尝吧。

吃紫菜也是讲究季节的——细细想一想这话其实也是理所当然，但是在第一次听到"新紫菜"这种提法的时候我还是小小地吃了一惊（注：日语中把刚刚收获或者当年收获的农作物海产品等称作"新XX"，例如"新米""新马铃薯"等）。

这是因为人们早已习惯一年中什么时候都能吃到的烤紫菜了。饭团子、寿司、荞麦面、米果……轻薄易碎的烤紫菜成了人们对紫菜的第一印象。但如果把刚刚从海中采到的紫菜放到舌尖上，你也许就会改变对紫菜的印象了——一股来自大海的鲜美味道席卷而至，紫菜则随即柔柔地融化在你的口中。如果放进出汁里，紫菜独特的风味就会更充分地得到发挥。谁吃过应该都会感慨，紫菜原来也是来自冬季的馈赠。

每年最早采摘的紫菜被称为头茬紫菜（注：日语称"一番摘"），是极为珍稀的食材。西塚厨师每年冬天都会翘首以盼头茬紫菜的到来。

拌石莼

○ 土当归　鸭儿芹　对虾

把石莼和对虾拌在一起，这一创意可谓新奇。两种鲜艳颜色的对比使人眼前一亮。把煮成五分熟的对虾、土当贝、切好的鸭儿芹，和新鲜的石莼轻轻拌匀，滴入掺了柚子汁的酱油或拌了芥末的醋，萦绕于食材之间的来自大海的芬芳也是这道美食的魅力所在。

"虽然我总是让别人采到了马上就送过来，但真正送到的时候还总会觉得有点慌乱。紫菜从十月开始会一点点长大，到了海水温度下降的十二月，会突然开始迅速地成长。但是紫菜的气味和口感处于最高峰的时间只不过短短的一两个星期而已。"

风、雨、水温、地形、潮汐……紫菜的生长和质量会受到各种自然条件的影响。紫菜本来就是在潮水的涨退中成长的：涨潮的时候浸泡在海水中，退潮的时候则接受阳光的沐浴，把太阳的能量加以储存和吸收。紫菜和别的植物一样，不过是在海中的田野里茁壮成长。

入口即融但又富有弹性的头茬紫菜在采摘后紫菜还会再长出芽来，过一段时间就又会长出叶芽。这时长出来的第二茬紫菜会更有韧性，而采摘的次数越多，紫菜也就会变得越硬。

食用紫菜的国家有日本、韩国和中国。日本食用紫菜的历史相当悠久。在大宝二年（公元702年）施行的大宝律令（注：日本古代的法典，刑部亲王、藤原不比等撰）中

鸭儿芹紫菜汤

◎ 芥末丝

这道菜大胆而不拘一格。在锅里轻柔地漂浮着的头茬紫菜有一种摄魂夺魄的魅力。汤汁是在二道出汁中加入少许薄口酱油制成的。因为从紫菜中也会有出汁渗出来，所以调味要力求简洁。看准紫菜的颜色变得鲜亮的瞬间，便是享用这道菜的最佳时机了。

记载的向朝廷进贡的二十九种海产品中，就有紫菜。神社中的敬神用的供品也包括紫菜。紫菜在老百姓中普及开来是在江户时代，对于它的普及浅草紫菜的出现功不可没。

浅草紫菜之所以得名，有一种说法是因为最早贩卖浅草紫菜是在浅草寺的寺门前。但实际情况是，当时人们把连接船只用的竹竿上野生的紫菜采集之后，用浅草和纸的生产工艺把紫菜加工成了薄片状的烤紫菜。浅草紫菜这一名称似乎应该是由此而来。据说真正的"浅草紫菜"由于抗病害能力不强，

现在已经成为濒危物种。现在人工养殖的大多是条斑紫菜。紫菜会因为种类和产地的不同而呈现各种不同的风味。

"筑地的海产品市场汇集有很多不同产地的紫菜。我比较喜欢的是把气仙沼出产的天然紫菜用手工成型的烤紫菜。而像石莼、礁膜这样在礁石上野生的紫菜，不管是味道、色泽还是香味都和一般的紫菜大不一样。"

紫菜是很不可思议的食物。干燥状态下的紫菜是那么害怕潮湿，可是一旦被放到水中并加热，就会突然散发出诱人的香味和深

紫菜汤饭

◇ 海胆 切碎的鸭儿芹

紫菜和海胆完美融合,让食者倍感愉悦的汤饭。在用水稀释的出汁中加入米饭,煮到蓬松,放入紫菜和海胆。从紫菜中煮出的自然天成的出汁,紫菜的清香、海胆的鲜美浑然一体,让人慨叹汤饭竟然有如此神奇的力量。

邃的光泽。通过加热,紫菜中的肌苷酸和谷氨酸这些鲜味成分也会骤然增加。这些微妙的变化,都会左右紫菜的风味。

"想把紫菜烤好是一件难度非常高的事。要用大火而且需要保持一定的距离。翻动紫菜的时候手不能太用力,而是利用紫菜自由落下时空气的流动来加热。紫菜稍微烤焦一点就会带上苦味、变硬、收缩。烤得恰到好处、让水分适当蒸发的紫菜香气怡人、口感松脆,放到米饭上食用的时候也能更好地吸收水分。"

江户时代有一种名为"焙炉"的小型木制烘烤器具,用它来边烤边吃紫菜在当时被看作是一件非常风雅的事。一面自己把玩紫菜一面享受亲手造就美食的乐趣,再不时把手边的热酒一饮而尽……想象这种场面,耳边仿佛听到不知是谁搭话的声音——您还真是有闲情逸致呀……

紫菜适于食用的时间非常短,而且害怕受潮,烤起来又是如此地费神……平时吃得轻轻松松的紫菜,一旦要认认真真地面对,还真是不容易对付。

"不管多新鲜的紫菜,只要放上一段时间,马上就会发出让人不快的味道。如果紫

油炸紫菜包山芋

○ 芋头　蟹肉　煎出汁　红萝卜蓉

冬 | 紫菜

趁热张开大嘴咬上一口，紫菜的香味立刻在口中扩散开来，使人心醉。油炸紫菜卷的味道让人感觉那么亲切。包在外边的紫菜是气仙沼手工炒制的十六岛紫菜，中间是揉合在一起的芋头和捣碎的蟹肉，吃的时候只需小小的一撮盐。

菜放的时间太长，就会变软，变成褐色。这时一个补救的办法就是将紫菜做成佃煮。"

毫不吝惜地用大量的酒慢慢熬成的紫菜佃煮如果用的是珍贵的头茬紫菜，那么其风味就会异乎寻常地鲜美。而花椒煮紫菜，也是西塚厨师在拿到上好紫菜时一定会做的一道菜。

日语里用来数纸张和烤紫菜等很薄的东西的量词是"帖"。十张烤紫菜数作一帖。"帖"也是描述日本文化时必不可少的重要词语之一。黝黑的紫菜看起来寡言少语，可是它背后的世界却是深不可测。

日本料理不需要食谱
——西塚茂光厨师如是说

平松洋子：在过去的三年里，我一直定期做客"驰走啐啄"，从四季各选了五种海产品或者山野平地出产的食材，请西塚厨师用每种食材各做了五道菜。

西塚茂光：五这个数字真是恰到好处。如果是两三道的话，也许就能用自己经常做的菜应付过去了。但是如果要做五道的话，就没那么简单了。既想把绝不容错过的招牌菜放进来，也想去尝试一下从没做过的菜。现在回过头来看看日置武晴摄影师拍的这些照片，连我自己也觉得不乏新鲜之感。大概是因为每个菜都包含有不同程度的创新在里面吧。

平松洋子：不仅仅是在吃到您做的菜的时候，每每看到您聚精会神做菜的样子，也会觉得非常愉悦。

西塚茂光：我喜欢一边尝试和食材对话一边决定食材的用法，觉得这样做起菜来才更有趣。从结果来看，这本书里选定的食材，也只有鲷鱼和竹笋算得上是日本料理中比较主流的食材，其他像番茄、海参、紫菜这些材料，都是平松洋子女士您选的。某位前辈厨师曾说过"食材没有三六九等之分"，您也把这句话写进了番茄那一章。到现在更觉得这是一句至理名言了。

平松洋子：之所以选择番茄，是因为在家庭中番茄一般都只是简单地切一下就端上桌。我很想看看如果到了西塚厨师手里它会变成什么样子，希望能借此见识一下专业人士的创意。而我正好也有过惊叹于番茄做的大酱汤的体验。话说回来，您在从食材选定到决定做法的这段时间中，是不是也费了不少心？

西塚茂光：确实伤了一些脑筋。毕竟需要想很多点子。不光是那些比较新奇的食材，像蘘荷那样平时只拿来当辅料的食材，既然要让它们当主角，那我当然希望以此为契机作一些全新的尝试。比如可以参考文献中记载的过去的料理，或者向人请教各地的乡土菜。像番茄这样的食材，现在已经有相当多的品种被引种到了日本，把西餐中司空见惯的熟食专用的番茄和出汁相搭配的料理也并不罕见了。可以说番茄给日本料理带来了不小的变革。一些初次尝试的菜，是在做坏了很多次之后才成功的。而兼取一般必点的菜和新颖一些的菜,对我来说有非常重要的意义。虽然我的工作是每天把和季节相应的食材搭配起来为客人制作料理,但是正如平松女士刚才说的那样,我也很希望借这个机会把平松女士提供的方案用具体的形式表现出来。

日本料理究竟是什么

平松洋子:对于您来说,在制作日本料理的时候,有一条可为与不可为的界线吗?

西塚茂光:虽然没怎么好好归纳,但我心里对日本料理是有明确的定义的。首先,"不给料理添加太多的味道"。三四种味道就明显太多了,至多两种。食材也是一样,日本料理中的所谓"绝配",也基本上是两种食材的组合。比如竹笋和裙带菜、松茸和海鳗——在每个季节的"山珍"和"海味"邂逅的瞬间,总会有什么不同寻常的东西诞生——这是我非常重视的一个理念。如果用两种以上的食材,我也会努力不让任何一种食材的味道被埋没掉。

与此相关的原则是"尊重食材的个性"。食材是先决条件,料理无非是如何去发挥食材的长处。让食材失去原有味道的食物就不配被称为日本料理了。归根结底,和人一样,所有的食材也都生养在自然的怀抱中,因为山林充满了活力,鱼类和牡蛎才会鲜美,而靠吃这些生存的动物带来的养分,又滋养了山野中的植物。不管什么食材,都有其最根本的味道蕴含其中。所以仅仅靠加法是不足以让食材特有的味道表现得淋漓尽致的,必要的是减法。

我店里用的佐料,只有最基本的那么几样:浓口酱油、薄口酱油、盐、大酱、醋、酒、味淋。即使用糖也尽可能少用,用多了的话,食物本身所具有的微妙的风味也就被掩盖了。

平松洋子:"出汁"被视为日本料理的基础,不知您的看法如何?

西塚茂光:日本料理不应该过于依赖于出汁。日本料理的厨师稍一掉以轻心,就会过于依赖出汁的力量。我觉得关于这一点厨师应该时刻告诫自己。食材已经有各自味道独特的汁液了,比如日本料理中的"潮汁"和"粗汁"(注:用鱼的边角料做的汤)之所以美味,就是靠对用盐量的完美控制来实现的,而绝非是靠添加出汁得到的味道。只需要盐和食材,就能够做出足够鲜美的料理。

从厨师的角度来看,日本料理的形态可以分为两种:其一是"割烹",也就是根据现有的食材随机应变地决定当天的一整套宴席,这当然也是不折不扣的日本料理。用鲣鱼干以及海带等食材煮出的出汁,是割烹这一形式的日本料理不可欠缺的构成要素。而我的店属于另一种,也就是比较严格和细致的"精进料理"(注:以植物为主要原料的日本料理,与中国的寺院素菜同源)以及"怀石料理"(注:亦名为会席料理,以较固定的流程,一道道地上菜的宴席形式的日本料理)了。一般用海带、香菇这些蔬菜类来做出汁。当然我这里也兼用鲣鱼干做出汁，不管是哪种做法，也都并不轻松。日本料理，是日本人在四季分明，山地、海洋等地形变化丰富的自然环境中，为了生存而进行的各种努力中产生的智慧的结晶，是在日本的气候风土中孕育出的饮食文化的形态。

平松洋子："驰走啐啄"的日本料理，是在银座这个场所向顾客提供的"商品"。所以即便再好吃，也不能把乡土菜完全按照原样端给客人——您说的这句话给我的印象非常深刻。

西塚茂光：是的。其实我也经常尝试着做一些乡土菜，但是成功的并不多。比如我曾经试着想把鲣鱼的"酒盗"（注：用鱼的内脏腌制的下酒菜），做成类似若狭地区和丹后半岛（注：在京都府北部，面向日本海）的腌鲭鱼，或者伊豆群岛（注：从伊豆半岛东南方延伸至太平洋菲律宾海的群岛）的臭鱼干一样的腌制品。但并不是所有的顾客都能接受得了。关东地区北部的乡土菜"醋愤"（注：把三文鱼以及芋头、大豆、萝卜、胡萝卜、剩菜等剁碎后和酒糟一起煮出来的食物）也是很长时间以来店里必备的菜，从关东地区北部来的客人们说："真正的'醋愤'可没这么好吃。"（笑）店里有时还会给客人上"水脍"（注：用捣碎的鱼骨头和剁碎的鱼肉调制成的凉的大酱汤，本来是一种渔民菜）。也就是说在提供乡土菜的时候，既努力保持乡土菜的原汁原味，同时为了更便于顾客享用，也会把乡土菜的某些容易让人敬而远之的地方加以改良。而这不仅

仅是我一个人的创新，同时也是日本料理整体的改良。很多食材都是经过了很长时间才慢慢进化成今天的样子。比如干豆腐（注：日语称高野豆腐）过去有很强的氨水味，需要换很多次水再反复挤掉水分才能供食用。为了解决鲣鱼干坚硬和用太阳晒干时产生臭味的问题，人们曾经在发鲣鱼干的水里放上烧红的铁块。但是现在这些做法都已经不需要了。可是我觉得正因为这些食材本身所具有的特征还残存在食材中，才让食材有了各自独特的风味。

平松洋子："真正的'醋愤'可没这么好吃"这句话非常耐人寻味。所谓乡土菜一般都是在很长的历史中像杂草一样生存下来的生命力很强的食物。既有它存在的必然性，同时也是人们的智慧和技巧的结晶。现在不仅仅是日本料理，全世界的饮食文化似乎都有一种如果不去创新就会落后于时代的强迫观念，总会想着去标新立异。但是其实可以反其道而行之，回归到乡土菜或者大家小时候吃的家常菜，说不定反而要更好一些。

西塚茂光：是的。日本料理的另一个重要的定义就是日本料理是不需要食谱的。让食材来引导自己，顺应食材的特性来做菜，这才是日本料理。现在学日本料理的年轻人，不善于给自己做工作餐的人越来越多。因为他们脑子里满是规规矩矩的食谱，并且总想按照自己擅长的食谱来做菜，所以用手头现有的材料来做的工作餐就成了他们的软肋。

我认识一个年轻的女孩，刚刚开始种植蔬菜。她送来的蔬菜总是些破天荒的东西，比如白菜的叶子都是张开的。但是试着把这种白菜做成一般菜单里没有的"煮浸"（注：日本料理的一种做法，把鱼或者菜叶烤过或者用热水漂过后，用酱油和味淋再煮很长一段时间），就成了一道很有味道的菜。这也算是一个不小的新发现。

家常菜和日本料理不是两个完全隔绝的世界

平松洋子：您觉得如果想把菜做好，有什么诀窍吗？

西塚茂光：家常菜和日本料理其根本是一样的。对做菜有浓厚的兴趣，以做菜为乐趣的人会是最终的赢家。比如对大葱这种食材感兴趣的话，就会在自己总去的蔬菜店发现自己从没见过的大葱，总想着怎样把一根萝卜一点不浪费地用完的人，自然会对萝卜皮、萝卜叶子、萝卜尖、萝卜的绿色部分等各个部位味道的差异变得敏感。

和刚才举的例子相反，我这里就有一个非常喜欢做工作餐的年轻人。想一想这也是理所当然的事，因为店里端给客人的都是我西塚的日本料理，年轻人只能按照我的指示去做菜。但是工作餐却是他可以尝试自己想做的东西的机会。能把这当成乐趣的人，厨艺一定会进步得很快。

想让别人品尝自己做的菜，这才是做菜的出发点。有一对很要好的夫妇很久以前就经常来店里吃饭，有一天他们第一次把他们的女儿给带来了。聊天的时候女儿说："妈妈在我上初中高中的六年每天都会给我做便当，虽然妈妈菜做得并不是很好，但是我从来没敢把便当给剩下。"妈妈笑着说："那个时候我真的是很拼命，不过现在想起来很值得了。我觉得与其考虑做菜的技术如何，只要能找到做菜的意义，能在做菜的过程中感受到乐趣，也就足够了。"

平松洋子：我想，在家庭中如何追求做菜的乐趣，应该是今后日本料理的一大课题。不用把日本料理想得过于高深，只要回想一下自己在小时候吃饭时感受到的那种喜悦，其实也可以作为做菜时心情的依托。

西塚茂光：对我来说，做菜是无上的喜悦。我曾经以为这本书里的菜全都是把您这位作家所要求的如实做出来，所问及的如实回答出来的结果。但是现在把这本书又重新读过之后，我发现，我和您其实一直是站在对等的高度，就日本料理这个主题在进行探讨。您把我自己心里潜藏的想法诱导出来，像这样以文字的形式传达给读者，让我感到由衷地高兴。

重读这本书，又让我想怀着这种喜悦的心情来为大家制作日本料理了。

图书在版编目（CIP）数据

四季和食 /（日）平松洋子著；张凌志译 . -- 青岛：
青岛出版社，2017.10
（和味道）
ISBN 978-7-5552-5303-7

Ⅰ . ①四… Ⅱ . ①平… ②张… Ⅲ . ①食谱－日本
Ⅳ . ① TS972.183.13

中国版本图书馆 CIP 数据核字 (2017) 第 206598 号

IMA OSOWARITAI WASHOKU : Ginza "Chisou　SOTTAKU" no Shigoto
By YOKO HIRAMATSU
© 2014 SHINCHOSHA
Original Japanese edition published by SHINCHOSHA PUBLISHING CO.,Ltd.
Chinese (in simplified character only) translation rights arranged with
SHINCHOSHA PUBLISHING CO.,Ltd. through Bardon-Chinese Media Agency, Taipei.

山东省版权局著作权合同登记 图字：15-2017-43号

书　　名	四季和食
著　　者	（日）平松洋子
译　　者	张凌志
料　　理	西塚茂光
摄　　影	日置武晴
日版封面	大野丽莎
出版发行	青岛出版社
社　　址	青岛市海尔路 182 号（266061）
本社网址	http://www.qdpub.com
邮购电话	13335059110　0532-85814750（传真）0532- 68068026
责任编辑	杨成舜　刘　冰
特约编辑	曹红星
封面设计	祝玉华
内文设计	刘　欣　时　潇　张　明　刘　涛
印　　刷	青岛浩鑫彩印有限公司
出版日期	2017 年 12 月第 1 版　2017 年 12 月第 1 次印刷
开　　本	16 开（787mm×1092mm）
印　　张	10
字　　数	100 千
图　　数	201
印　　数	1－6000
书　　号	ISBN 978-7-5552-5303-7
定　　价	48.00 元

编校印装质量、盗版监督服务电话 4006532017　0532-68068638
建议陈列类别：美食